反核？擁核？
公投？

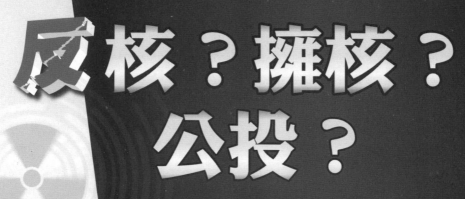

一本改變台灣公投命運的書！

王寶玲博士 著

台灣未來「核」處去？

你究竟擁核還是反核？

在台灣「核能」已成為一個高度爭議的議題，在回答上面這個問題前，不妨先冷靜想想，是什麼因素導致你做這個決定——因為核四的風險嗎？還是因為考慮到電價？是電視上的名嘴這麼說？還是身邊的親人、同事告訴你應該怎麼想？

事實上，原本這麼一個高度專業取向的問題，一般民眾並沒有能力思考與決策，原本該由專業的技術人員在代表民意的立委監督之下，以客觀的調查與數據，做出最適當的評估和建議，再予以執行。但相較於他國，台灣的政治格外分裂，統獨、省籍、中央與地方……，似乎只要在這塊土地上談論任何事，總得非黑即白，非藍即綠。民眾對立法過程永遠一片「霧煞煞」，選民親手選出的立委諸公，是否真有依選民的意志來行使職權也不得而知，其中可能夾雜著政黨意志的貫徹、私人利益的汲取……。是非混沌的政治環境，讓人民無所適從，更導致國人長期對政治的冷漠。這樣的「民主失能」讓國人對政府失去信任，也讓「核四續建並商轉與否」這個議題更加尖銳。

但，在行政院院長江宜樺決定將核四的命運拋諸民眾公投後，國人被迫面對，並必須做出對未來造成重大影響之決定。事實上，公民投票這種「直接民主」如水，能載舟，亦能覆舟，稍有不慎，足以導致無可挽回的錯誤。而核能發電這樣一個擁有極高爭議性的議題更是如此。前諾貝爾獎得主邱吉爾曾言：「繼續拖延、折衷和自我安慰式的權宜之計的時代已經接近尾聲；取而代之的，我們將開始生活於其後果之中。」居住在這座島上的人民，不也正如其所言，站在歷史的交叉點上，必須做出抉擇並開始承擔後果。核能的問題絕不只是能源供給的選項這麼的簡單，背後更有著經濟發展、環境污染、成本評估、世代正義……。在核一廠即將退役的時刻，核四運轉與否更宣示著我國能源與產業的走向及方針。

托爾斯泰嘗言「文明的建立靠的不是機器而是思想。」本書作者王寶玲博士無時無刻不關注時事。他常念茲在茲身為一個文化人要有的使命，他更了解思想對人群所造成影響力之巨大。身為出版界的一員，他時時刻刻以傳承文化為己任。對他而言，出版除了是一項營利事業，更是一項良心事業；白紙上承載的不只是文字，字裡行間所透出的智慧之光，更是人民行動的領航。古今中外，不論是馬克思與恩格斯所寫的《共產黨宣言》亦或孫文所書之《建國大綱》，思想永遠是影響人民行動的推手；而充足的資訊則是型塑思想的泉源。著作這本書的

初衷源自王博士有感於民眾在投出決定性的一票前，必須充分掌握公開的資訊，也唯有如此，公投的效益才有可能彰顯，不至於淪為「民粹主義」的氾濫或政客的政治算計。此外，王博士更宣布此書的出版所得將全數捐為公益，以具體行動體現這種文化傳遞者的使命。

我身為華文自資出版平台的總編輯，有幸參與這本書的出版過程。本書謹慎地採取公正客觀的視角；環視坊間論及核能發電的書籍，若非反核急先鋒，則為誓死捍衛核電的擁護者。本書不帶任何既定立場，將核能發電與核四廠的各項優缺點均如實臚列。全書分為四個篇章，前兩篇分別以客觀的理由告訴讀者，為什麼要反核以及為什麼要擁核，從各個角度剖析利弊。接著「世紀大公投」一篇讓讀者了解，公投的意義與重要性。隨後「核四大辯論」的目的則是要讀者一起尋找真相，讓國人在做出抉擇時能獨立思考（Independent Thinking），藉由反核與擁核兩種思維的直接對話，避免單一思維與主流價值對民眾所造成的從眾心理（Herd Mentality）與沉默螺旋（Spiral of Silence）效應，才能讓議題討論步上正軌。最後所附的相關參考資料則希望能提供讀者進一步了解核能議題的鎖鑰，讀者能以此按圖索驥，在談反核與擁核之前能更加廣泛閱讀、反芻、沉思、細想，通盤了解後再化諸行動。工作繁忙但關心這項議題的讀者，則可利用隨書附贈的雙CD，快速一覽書中的精華。

「不要輸給雨／不要輸給風／也不要輸給冰雪和夏天的炎熱……／絕對不要生氣／總是沉靜的微笑……／不管遇到什麼事／先別加入己見，好好的看、聽、了解／而後謹記在心不要忘記……。」這是日本三一一核災後，知名演員渡邊謙所朗讀之已故作家宮澤賢治的詩。詩中展現的胸襟與處事哲學值得同樣面對核議題的國人學習。核四續建和商轉與否是個困難的抉擇，除了做決定的智慧外，更需要承擔後果的勇氣。身為參與此書的出版者之一，衷心期許這本書的問世能帶給居住在同一座島上的生命共同體，做出正確決定的力量，無論遇到什麼樣的困境，能如同蓽路藍縷的前人，以堅毅的姿態，攜手走下去。

華文自資出版平台總編輯

陳雅貞

一本改變公投命運的書

102年3月9號，全台各地都舉行「反核遊行」，估計全國有超過20萬的民眾走上街頭，表達他們的訴求，也成功讓政府看到人民對核電的立場。當時，行政院院長江宜樺已承諾將核四議題交由公投。這兩件新聞讓我感到相當欣慰，它不啻是民主觀念深植人心的象徵，也是台灣人關心國家事務的體現。然而，欣慰之餘，我又不免有幾分憂心。讓人民決定自己的未來固是好事，但民眾真的都明白什麼是「核能」嗎？

任何一位台灣人，當被問到「是否該停建核四」這個問題時，心底幾乎早有定見，這個定見很可能來自一種記憶、一種信仰，或是一種私利。舉個例好了，一位政治立場深綠的民眾，他有很大機率跟隨民進黨的主張，反對與核能有關的一切事物；一位癌症病患或家屬，也可能會對輻射有所恐懼，反對興建核四。相反地，一位經營工廠的大老闆，他一定不樂見電價上漲，也許寧可忽視核電風險，也要支持核四；一位住在南部的人，則有很大機率出於「事不關己」的心態，漠視北部的核四續建與否。

就這樣，只因為一個人是藍是綠，因為他不太懂，或以為這件事離自己很遙遠，於是「跟著投」、「亂投」或是「不想投」。到頭來，一場沒有專業、沒有遠見，只有政治與利益的公投左右了台灣的命運。在攸關你我未來的一個議題上，這樣的現象是應該的嗎？我認為，當然不。

「核四問題」之所以僵持不下，無非是人們在「環境永續」和「經濟發展」之間取不出平衡點，但「核能」的優劣至今仍眾說紛紜，這就令我感到詫異了！無論是從什麼出發點，「反核」與「擁核」方總能各執一詞，引導出不一樣的結論，讓人一頭霧水！

例如說，在「環保」這一點上，反核方堅稱核廢料將為地球帶來永久危害，以此反對核四。但擁核方卻能舉證說明核廢料絕對安全，說它對人體及環境的損害遠不如溫室氣體，以此贊成核四。而在發電成本、安全性、未來性等層面上，雙方人馬亦各說各話，不斷舉出支持己方觀點的科學證據與論述，有人說核電最便宜，也有人說核電最貴；有人說核四工程危如累卵，卻也有人拍胸脯為它掛保證。究竟孰是孰非？讓我宛如霧裡看花，我相信大部分的民眾也是如此。

在這種情況下，民眾理所當然需要一條管道，好讓他們通盤地、客觀地認識核能、認識核四，尤其公投在即的當下更是

如此。當然了，在資訊發達的當今社會，我們能很輕易地從網路、電視、報章上攫取相關資訊，走進書店，平台上也不乏各類介紹核電知識的著作。然而，這些資訊多半含有瑕疵：它們立論時往往帶有特定立場，為了讓讀者認同這種立場，不免譁眾取寵、危言聳聽。一知半解的民眾看了這些報導，輕信這些誇大不實的內容後，又再散播給更多親友，於是，錯誤的雪球就在社會上愈滾愈大。

也因此，乍聞寶玲兄即將出版一本以核電為主題的書時，我心想：這太難得了！我知道，寶玲兄投身出版界多年，是典型的知識分子，沒有任何黨派色彩，也沒有任何利益傾向，完全是出於一種匡時濟世的理念，希望透過自身，將正確的道理傳達給大眾。而這也正是當前社會所需要的。

在本書中，寶玲兄站在絕對專業、客觀的角度，分別以「反核」與「擁核」兩種矛盾的立場，細陳核電的優劣以及核四的現狀，但又不偏袒任何一方。核電有什麼優勢？有什麼缺陷？續建核四有什麼急迫性？又存在什麼隱憂？透過這本書，所有資訊都攤在陽光下，將我過去的疑惑一掃而空。我相信讀者也能從中汲取自己需要的知識，認識核電，也認識核四。

值得一提的是，寶玲兄為了進一步探討台灣核電現況，特地邀請名家實際展開一場「反核」與「擁核」的攻防。兩位大

師截取書中最核心的論點，進行了一番激烈的唇槍舌戰，猶如公投前的沙盤推演。這場辯論也被收錄在書中，如果讀者不知這本書從何讀起，不妨先由這場辯論入門。若是想深入了解更專業的資訊，書末還附上了諸多各國參考書目。透過這種由淺入深的方式，任何人想必都能一目了然。看過市面上這麼多核能相關書籍，我敢保證，這是台灣最好的一本！

　　真心的希望，每一位讀者都能從這本書中獲得一點啟發。如果您是原本已確定自身「反核」或「擁核」立場的人，那麼，藉由這個機會，希望您能重新檢視自己，看看過去的觀點是否正確。如果您過去沒有任何立場，也不在乎這個議題，藉由這本書，希望您能開始重視它、討論它。

　　書中有一句名言：「核四將改變每一位台灣人的生活，沒有人可以置身事外。」所以，是要將命運交給別人，還是自己決定呢？對於這個問題，我相信各位一定不會猶豫。

永遠的建雛

為了下一代，您必須了解的真相

　　台灣自解嚴以來，逐漸走向民主的道路，對人權的追求，已經成為近十數年來台灣社會共同努力的目標。然而，看似百花齊放、萬家爭鳴的社會意見當中，事實上充滿著許多隱憂。由《經濟學人》（*The Economist*）所調查的「世界民主指數」顯示，在2012年國家與地區民主指數排名當中，台灣僅被列為「部分民主」（Flawed democracies）的國家，不只與歐美各國相距甚遠，甚至連中南美洲的烏拉圭、哥斯大黎加等國亦皆躋身「完全民主」（Full democracies）之林！細究之，雖然台灣的「選舉程序」與「公民自由」皆在滿分為十分的量表中取得超過九分的高分，但在「政治參與」和「政治文化」兩項，卻各只得到五至六分。顯現出台灣的公民社會並未成熟，民眾對於公共議題並不熱衷。眾聲喧嘩當中只有各種私人利益的角逐，並不多見公共利益的探索與追求。

　　這次的核四公投是一項不僅攸關當今人民福祉的議題，甚至對於未來的下一代、下下一代……都會造成無比的影響。經濟學家凱因斯有一句名言：「就長期而言，我們都死了。」若今日人們自身遭遇到短期的危機，必當馬上要急求政府出面解決，但如果影響是緩慢而長期的，猶如「溫水煮青蛙」，人民對政府的監督與要求也會隨之而變得遲緩，此時民眾再不主動

追求相關資訊，便毫無力量抑制政府的怠慢以及胡作非為。近來國內社會的紛紛擾擾，人權受到國家機器粗暴的踐踏時有所聞，更足以證明民主絕非從天而降，身為公民必須積極監督政府，才能夠享受自由的果實。

事實上，公投是一把雙面刃，直接訴諸民意或許可因此避免專業人員的傲慢與代議士對立法的壟斷，但公民投票欠缺專業領域的評估與協商機制，是個贏者全拿、輸者全無的零和遊戲。參照他國經驗，良好的公投能以民意解決重大爭議，但有瑕疵的公投卻可能因此造成社會分裂。若以過去全國性公投的前車之鑑，這次的公投或許會如同過往「雷聲大，雨點小」，因投票率不夠高而不了了之。但，如此直接訴諸公民決定所得到的結果，真的確切展現出民意了嗎？

大多數的台灣人當被問及是擁核亦或反核時，早有自己的定見，但國人真的知道為什麼而支持或反對嗎？從世新大學民調中心所做出的調查指出，只有2%的國人知道用過的核燃料（高階核廢料）事實上放置於核電廠中；高達40%的民眾認為是放在蘭嶼，可見國人對核電廠的基本知識是非常不足的。而超過七成的民眾更不願意相信台電的「核四說帖」，不認為缺少核能，將面臨限電與漲電價的危機。至此，民眾已陷入對政府的「信任危機」當中，台灣社會已面臨史無前例的焦慮與無力世代，在資訊的流通上，更是一個三人成虎、選項氾濫的時代。

九〇年代以降，台灣的言論自由已不虞匱乏，網路的興起，更提供任何一個閱聽者輕易汲取訊息、暢所欲言的平台。台灣人在華人世界以其民主與自由為豪，自詡為華文出版的豐饒之地，但資訊爆炸卻也讓民眾無所適從，各種資訊皆隱含其立場，往往「先射箭再畫靶」，對同一議題的同一面向，公說公有理，婆說婆有理，放眼望去市面上核能議題的著論汗牛充棟，卻沒有任何一本願意將核四的正反立論同時客觀平實陳述！讀者僅能扣槃捫燭來一窺核電的面貌。這讓筆者想起一則美國的真實案例：1938年萬聖節前夕，哥倫比亞廣播播放了科幻小說改編的《火星人入侵地球》，結果使成千上萬的聽眾誤以為真實的事件正在發生，造成大規模的社會恐慌，錯誤與偏狹的資訊，對社會所造成的傷害之大，可見一斑。若國人只聽信一家之言，囫圇倉皇驟下結論，恐怕鑄成錯誤的決策，甚至釀成日後大量社會成本的流失。有鑒於此，一本以公正的視角告訴國人核能知識的書是十分必要的。

　　事實上擁核與反核，是對未來人民生活方式所做的決定。唯有資訊愈公開，決策過程愈多人參與且自由的討論，民意才不至於被部分特定人士操弄。本書除了客觀的列出擁核與反核的各種理由，如實呈現核四現在不論續建或停建所面臨的各種問題。「世紀大公投」一文為筆者長期關注台灣民主歷程的所見所思，以此與讀者分享，重新檢視公投與民主的意義。「核

四大辯論」一文更是筆者與知名學者王擎天各領年輕後進組成小組，在未來將面臨的公投議題上，所做的腦力激盪。最後相關參考資料則收錄中、日、英、德、法核能議題相關文獻，希望提供讀者更廣闊的視野，跟上世界趨勢，以他山之石，讓核能知識不受限，藉由不帶任何成見的閱讀，鍛鍊獨立思考的能力。讀者可藉本書檢視自身的立場與思維，在爭取自身利益與理想實現的同時，思考是否有遺漏的盲點。而隨書附贈筆者親自錄製的雙CD，CD1統整了11點反核的原因，並且解釋大部分國人對公投的迷思；而CD2則包含了同樣11點擁核派回應的理由。我希望讀者不只是聽自己原本支持立場的說法，如果你反核，那麼更應該聽擁核的觀點，才能客觀的看待這項議題。

　　這本書的出版是由筆者個人透過華文自資出版平台自費出版，售書所得將全部捐作公益，此書的問世，不敢說收「振聾發聵」之效，但足堪提供讀者思考核四續建及商轉與否的入門書。亦希望藉由一己拋磚引玉，激起社會大眾對周遭公共議題的關注並付諸行動。惟有對議題透徹的了解，並理性的對話，使台灣的公民社會更加成熟，彰顯台灣人引以為傲的核心價值，以臻真善美之境。

于台北上林苑

Contents

2 擁核篇

3 世紀大公投

4 核四大辯論

Part 1

反核篇

為什麼要反核？反核只是台灣少數人的一股流行嗎？核四安全嗎？核廢料到底有多可怕？核能究竟會對這塊土地作出多大的傷害？沒有核四，電價會上漲？除了核電，我們別無選擇嗎？面對人云亦云、莫衷一是的各方說法，台灣究竟該「核」去「核」從？

Nuclear power reactors threaten **our** *lives*, the lives of our families and all living creatures.

#

台灣只是一個小島……

一旦發生核災，國人無處可逃，勢必造成無法挽回的悲劇。

　　自從2011年日本發生福島核災，一幕幕不斷擴大的福島核污染災情畫面透過國際媒體強力放送。全球「擁核」國家人人談核色變，日本出口漁貨被拒於千里之外，觀光業更是一落千丈。這次日本核災也再度震醒了我們對於台灣核能安全的重視，核電廠危機，比起天災直接造成的災害可說是有過之而無不及；一旦災難發生，爐心熔毀、輻射外洩等災難對台灣人民身家財產、國家建設造成的損害更是令人提心吊膽。

　　經歷這次事故，台灣沉睡中的核能使用者才驀然驚覺：我國與日本一樣依賴核能發電，但相較於日本，台灣更加地狹人稠，一旦發生任何意外事故或天然災害，勢必造成無法挽回的悲劇。身家財產的安全疑慮逼著國人開始思考許許多多與己切身相關但又長期忽視的問題：政府能否保證不會重蹈日本的覆轍？若同樣的狀況發生在我國，又會是怎樣的光景？台灣政府的應變能力足夠嗎？同樣的問題不只在台灣發酵，原本以拉抬

GDP數字為主軸、全面關注經濟發展議題而加強力道開發核能發電的諸國政府，不得不重新面對一個重要而又基本的問題：

「核能，真的安全嗎？」

核四公投——藍綠政治角力的棋盤

　　但問題遠不僅止於「安全」這麼簡單，在台灣這座海島上的居民漸漸嗅到這項公共工程，充滿著許多政客的政治算計與權謀鬥爭。2013年2月25日，福島核災發生後將屆滿兩週年，當時才上任一週的行政院院長江宜樺表示：將核四議題交予公投，面對民意的檢驗。此震撼彈一出，舉國譁然。這座即將第五度追加預算的公共工程在江宜樺發言的隔日，立法院朝野協商決議：得到公投結果前，核四不辦理追加預算、不放置燃料棒。至於101年及102年的年度預算之執行，除了已發包工程以及安全檢測的工作外，全面暫停施工。

　　部分民進黨立委主張：迎戰核四公投應該拉高層次，定調為對馬政府的不信任投票，並以此議題衝擊馬英九統治的正當性，突顯執政黨之行政與立法部門的不同調，以及現行「鳥籠公投法」的不正義。更主張以核四公投連結證所稅、美牛瘦肉精、油電雙漲、二代健保補充保費，以至年金改革、反媒體壟斷等政策，批評執政黨繼續以錯誤政策蠻幹，試圖操作成藍綠大對決；民進黨主席蘇貞昌甚至倡議：「反核四公投與七合一大選應該合併舉辦」。

　　至此朝野兩黨的動作已昭然若揭，不論藍綠似乎都不是以人民的利益為最優先考量，政黨間充滿著各種與全民福祉無關

的機關算計，核四議題變成藍綠兩黨之間的政治角力場已毋庸待言，而探討這個攸關全國兩千三百餘萬人民身家性命的議題所需的專業知識已完全被摒棄，取而代之的是太多太多的私人因素，就如同當初設立核四廠的計畫，原本就不是以國人利益為首要考量。一個再好的工程，若參入任何私人的欲念，那麼僅能淪為罔顧人命的豆腐渣工程，更何況是人類力有未逮，從始至終就無法保證安全的核電廠呢？

核四不合適

2013年3月9日（即三一一福島核災兩週年的前一週末），全台北中南東串連發起「廢核大遊行」，超過二十萬人民走上街頭表達反核的理念，對政府執意繼續興建核四發出怒吼，當晚甚至有許多民眾夜宿凱達格蘭大道，公民團體也以創意的演出，向政府喊出「終結核四計畫！拒絕危險核電！」的訴求。

事實上這座核電廠自從興建以來，就問題不斷。核四計畫案於1970年代提出，自1999年開始動工興建，歷經了蔣經國、李登輝、陳水扁、馬英九四位總統任期，可謂中華民國政府延宕最久的公共工程投資案。核一、核二、核三廠，自動工興建到完成並商轉耗時皆不到十年，核二廠甚至較預訂進度提前百餘日完工；然而如今前三廠都已快屆齡除役，核四工程卻愈拖愈久，代表著預算的錢坑也愈挖愈深。身為納稅者的我們必須思考，台灣對核能發電的依存度只有12％，為何需要為了這麼低度依存的發電來源，付出如此昂貴的代價，甚至賠上全島國民的生命財產作為賭注呢？

　　事實上當初興建核四廠有其歷史因素與時代背景，尤其戒嚴時期「一切政府說了算」。因此，1982年蘭嶼設立低階核廢料放置場時，居民接收到的訊息卻是：「政府要蓋『罐頭工廠』，可以提供很多就業機會，蘭嶼全島供電也會讓生活更便利……」此類掩蓋事實的瞞天大謊。到了解嚴後，人民獲得質疑政府決策的權力，不再只是被動接受政府所灌輸的資訊。我們可以說，核四廠的興建一直到現在，政府仍執意違抗民意，依舊在疑雲重重的情況下冒著高風險倉促續建。甚至在爆發了震驚國人的核二廠錨定螺栓斷裂事件後，仍然不願決斷地儘速停止核電廠的運轉。這是為了討好資本家與產業界，短視近利的以看似較低的短期發電成本，作為維持經濟發展的命脈，無視於長期核廢料處理的隱藏性成本，也刻意忽略核能一旦發生災變便貽禍無窮的後果。

　　長期以來政府都以「吃軟柿子」的心態，不願面對台灣能源結構的配置問題與產業發展升級的調整，這樣的作法幾乎是「飲鴆止渴」，使得國人被動接受這帖「請鬼拿的藥單」，就如同長期被犧牲的蘭嶼達悟族，在當政者強勢的顢頇下，只能長唱「與核共枕」的悲歌，永遠看不到解方。

　　究竟台灣的核能發電廠有多麼危險呢？法國《世界報》（Le Monde）曾以標題「台灣，核電的巫師徒弟」將台灣的核一、核二廠，列為全球最危險的三座核電廠之二，指出「台灣輻射核廢料不當管理，已達可能立即發生核災的危險，運轉中的三座核電廠共六座反應爐的燃料冷卻池存放累積至今用過的燃料棒，已達原本預估容量的四倍，發生意外時將釀成嚴重災

害。」而美國《華爾街日報》所載全世界最危險的十四座核電廠中，台灣四座全部榜上有名。這四座核電廠被認定全部興建在斷層帶上，一旦強震發生後果不堪設想，甚至極有可能受到海嘯威脅。英國著名科學期刊《自然》（*Nature*）評定全球最危險的三座核電廠，除了亞美尼亞之外，就是台灣核一、核二廠。台灣核電廠的危險程度在世界上名列前茅，甚至比起已發生災難的福島核電廠還危險，台灣人民只有認清在這塊土地上並不適合發展核能，才有真正的安全可言。

向撒旦借來的火炬

　　反觀歷史，核子能源發展始於第二次世界大戰，當時的同盟國擔心德國先發展出原子彈而稱霸世界，愛因斯坦（Albert Einstein）為此寫信給美國總統羅斯福（Franklin D. Roosevelt），促請進行原子彈的研發。美國軍方於是執行了「曼哈頓計畫」，製造出人類第一顆原子彈，這原本是以和平為目的，希望「以戰止戰」使戰爭早日結束。1945年7月，盟軍核子彈試爆成功，隨即在8月6日、9日分別於日本廣島、長崎投下鈾核原子彈以及鈽核原子彈，因此結束了戰爭。1949年蘇聯也成功的試爆核彈。在見識到了核子武器的可怕，以及冷戰時期美蘇兩強均擁有核武的「保證相互毀滅」（MAD, Mutual Assured Destruction）氛圍下，1953年12月8日，美國總統艾森豪在聯合國大會發表演說，強調「原子能的和平用途」（Atoms for Peace），開啟了全球核能發電的契機。而世界第一座發電用反應爐，是蘇俄政府於1954年在莫斯科附近的歐伯寧

斯克（Obninsk）建造完成，為一部容量僅5MWe的小型輕水冷卻石墨緩和式反應器，隨後世界各國也陸續興建核能發電廠，提供民生與工商業用電。1956年10月，世界第二座核能發電廠在英國Calder Hall開始商轉。

核能至此逐漸走入了人類的日常生活，打開了潘朵拉的盒子。這個看似廉價的便利性能源，卻也帶來了無窮無盡的後遺症。1979年美國三哩島核洩漏事故、1986年烏克蘭的車諾比核災，甚至2011年的日本福島核災，一再提醒世人：核能這把人類向撒旦借來的火炬，雖然照亮了世上每個角落，但使用過程稍有不慎，就會燒得體無完膚。我們必須認真思考，核能發電果真如同政府片面所言，無論在空氣污染物、溫室氣體排放量、外部成本、土地利用與水資源利用各方面，核能發電都遠優於其他發電方式嗎？真的如此嗎？

準備好了嗎——台灣該「核」去「核」從？

就目前的政治情勢看來，核四公投已如箭在弦，不得不發，而行政院做出這樣的政治動作，背後存在著什麼政治盤算？將如此專業的公共議題交付普羅大眾議決，你我在投出那神聖的一票，決定這一代與下一代甚至往後數萬年的子子孫孫的命運時，我們已具備了充足的知識，來行使如此大的權力了嗎？核四廠的續建與否攸關著各方的利益角逐，成了台灣社會一個解不開又拋不掉的大難題。

許多政論節目將反核運動描述成是一種「追趕流行」，這是不但無知且又不負責任的行為。但這些評論者，是否就曾真

的用心去了解核能發電對台灣這塊土地所造成的傷害？為了讓
全國國民在公投前，清楚了解核電廠對我們的危害，以下列出
反對繼續興建，絕不能讓核四廠商轉的十大理由，在投出你我
關鍵的一票時，我們是否也應該了解到為了目前所使用的核
能，我們必須付出多麼昂貴的代價？我們是否應該重新檢視我
國能源的生產比重，以及產業發展的政策走向？還是選擇做一
隻鴕鳥，將頭埋入沙堆，充耳不聞核電廠傳來對人類鳴起的陣
陣喪鐘？

反核理由 *1*

揭開蓋核電廠的內幕

台灣發展核電是冷戰時期威權統治的遺緒、利益輸送的產物。

　　日本核工研究學者小出裕章指出：「化石能源用完前，鈾就先用完了，核電絕對不會是未來的能源。」一語道破核能發電是沒有前景的能源發展方式。而身為世界最大的核電設備供應商之一的奇異（General Electric）公司，其首席執行官伊曼特（Jeff Immelt）也曾在接受英國《金融時報》採訪時表示：「目前世界上大多數國家正轉向天然氣與風力發電或者與太陽能的結合。相較於其他類型的能源，核能發電隱含的成本如此之高，要證明核能發電續存的合理性是非常困難的。」那麼為什麼當初會選擇建設核能發電廠呢？我們必須探究歷史的軌跡，才能了解核能發電廠在台灣是「威權時代的遺緒」。隨著科技的發展與環保意識的抬頭，當年國民政府刻意將核能塑造成為進步與高科技的象徵，現今因資訊的公開得以一揭其面紗，民眾才了解，核能發電原來是一個「骯髒的錯誤」，在政府引導

軍方、產業與學界，刻意塑造其環保與高效能的美麗外殼，事實上揭開這層外殼之後向世人展現的卻是醜陋不堪的真相。

台灣建設核電廠是冷戰時期的權威遺緒

教科書這麼告訴我們：核能發電廠是台灣在1973年與1979年分別經歷了兩次石油危機的衝擊，為了確保能源供應的安全，降低對進口能源的倚賴，以達成政府能源政策改採「能源多元化」的施政目標，作為延續推動「十大建設」的一環。

但事實上，當初蔣氏父子政權在發展核電時卻是別有用心，台灣核電發展的歷史最早始於1955年6月行政院原子能委員會的成立，是時為美蘇兩強冷戰的背景之下。國民政府來台，仍懷抱著反攻大陸的想法，於是蔣介石在1963年指派唐君鉑將軍（後來任中科院院長），前往維也納出席國際原子能總署年會，和負責以色列核武計畫的伯格曼（Ernst David Bergmann）教授見面，並安排伯格曼來台，在日月潭涵碧樓與蔣介石密談，就此確定發展核武的原則。眼見中共當局已於1964年10月16日成功試爆第一顆原子彈，於是在1968年，蔣介石提出「新竹計畫」，預備在新竹復校的國立清華大學進行核子武器的研發。對此國際知名物理學家吳大猷曾經正式提出反對，建議放棄核武發展。於是轉由1969年於桃園龍潭成立的中山科學研究院下轄的「核能研究所」持續進行研究。同年7月，在加拿大核能公司的幫助下，台灣核能研究所興建了「台灣核能研究反應爐」。1970年，為了提煉出高純度的濃縮鈾，政府便以供應發展核電使用為由，從國外進口作為發電原料的濃縮鈾。同時，

台灣還祕密從南非等國購入了大約100噸的鈾原料。甚至在1972年美國總統尼克森出訪中國後，台灣政府當局的外交憂患意識加深，更是拚命向美國購買武器與核設施，以維持與美國的友好關係。但之後在1988年1月12日核研所副所長張憲義攜帶研發資料叛逃美國，指證台灣核武發展已近完成階段。隔日，當時的總統蔣經國便抑鬱而終。三日後，美國會同國際原子能總署突擊中科院核研所，將研發設施拆卸，並帶走大量儀器及設備。此舉打碎了台灣政府當局擁有核武的春秋大夢，但當局仍不死心，轉往發展核電，以待技術成熟，並以核能發電作掩護以繼續發展核武。

在這樣的時空背景下，核電廠的建設與核能技術的發展背負了「延續發展核武」的包袱，使其成為無論如何也必須執行的聖旨。於是從1970年代陸續興建了金山核能發電廠（核一廠）及其後之萬里國聖核能發電廠（核二廠）、恆春馬鞍山核能發電廠（核三廠），此三廠由於建設時間都在戒嚴時期，政府無須考慮民意，加上資訊不透明，使得此三廠皆已興建完成並商轉；但1980年代規劃，1999年動工的核四廠，經歷了2000年的政黨輪替，於是這項國民黨政府計畫中不得不為的建設，才得以有檢討與反思的空間。

立意不良的核四廠

核能第四發電廠，於1980年5月由台電提出興建計畫，經行政院原子能委員會選址於貢寮。在當時的時空背景，核一至核三廠連續建成加入商轉，使得台灣的電力過剩，備載容量甚至

可達50％，為什麼還需要建核四廠？台灣這個飽受地震威脅，人口密度在全球名列前茅的國家，甚至在當時還由世界銀行擔保，向美國承諾準備興建雲林台西的核五廠！

事實上規劃核四廠的設立，並非出於經濟發展與民生需求，而是當時台灣退出聯合國，國際地位風雨飄搖，蔣經國為了穩固其政權，而向美國繳交的「保護費」。還有另一個有趣的證據支持這個說法，戒嚴時期的核四廠，曾經一度由蔣經國總統指示「暫緩興建」中止計畫，當時的行政院院長俞國華也裁示「民眾疑慮未澄清前，核四廠不急於動工。」後來大多解釋為這是因為蘇聯烏克蘭地區的車諾比核電廠爆炸事故，因質疑核電聲浪不斷，使得政府以暫緩興建核四的方式安撫民心。但事實上，這項命令早於1985年5月就提出，車諾比核電廠爆炸事故是在1986年4月26日發生，時間點上讓這個解釋無法搭上邊。但巧合的是，在此之前美國雷根總統訪問中國，與中國簽訂《八一七公報》，準備逐步減少對台灣的武器出售，被視為是出賣台灣的舉動，自然有報復美國之意，以「停繳保護費」為手段來回敬美國的背叛。而美國方面也因為台灣發生「江南案」，與我方政府產生情報糾紛，兩國關係頓時緊張，原本要出售至台灣的核電廠設備與技術，也因此案所存在的疑慮而停擺。

而過去台灣在廢核的關鍵時刻，美國的身影也屢屢出現。2000年核四的存廢問題成為焦點，「來自美國的壓力實在太大」等說法就已不絕於耳；2003年6月美國也曾直接表態台灣不應就核四議題進行公投，2011年美國甚至正式發布外交電文

「關切」台灣的核能政策。美國商會❶也曾在對台白皮書中，直接「建議」台灣政府應考慮將目前運轉中的三座核電廠、六座核電機組延後除役。今年3月美國商會資深主管沙蕩（Don Shapiro）更直指台灣沒有條件廢核，干涉台灣的能源政策。維基解密也揭示了AIT數度直接影響台灣政界高層，介入政策的制定方向，顯示這些政治動作背後，包藏了美商維繫自身核工業利益的禍心。

　　一直到現在，行政院也不諱言，由於美國奇異公司參與核四廠之反應爐設計、製造並提供顧問服務，台灣每年必須支付其顧問諮詢費用高達十億元左右。而若再包括鈾燃料棒購買的費用，我國每年支付美國至少數百億元，這是一筆極大的商機，美國不可能棄之不要。但興建核能發電廠如此重要且專業化的公共建設議題，本就該讓資訊透明化，才得以討論興建與否的利與弊。然而不論是國民黨或民進黨執政，核四議題上方永遠被「美帝」這個大幽靈覆蓋著，參雜著過多國家戰略、軍事安全等「不能說的祕密」。國人必須了解到這是與己安全切身相關的建設，我們絕對不能讓這麼重大的公共建設，淪為利益輸送的產物、政治角力的籌碼；讓核安以外的其他因素介入，來做成興建與否的決議。

---

❶美國商會的成員包含美國西屋及奇異公司，皆為重要的核工業供應、製造商，核一、二廠的反應爐是由奇異建造，汽輪發電機由西屋建造；核三廠的反應爐由西屋建造，汽輪發電機則由奇異建造；核四廠也是由奇異公司設計。

核四興建大事紀

日　期	重大事件
1980年	第四核能發電廠建設案提出，經勘查後行政院首次同意以貢寮鄉之鹽寮為廠址。
1984年	台電第二次提報核四計畫。
1985年5月	蔣經國總統指示行政院暫緩興建核四廠；行政院院長俞國華則裁示：「民眾疑慮未澄清前，核四廠不急於動工」。
1986年7月11日	立法院通過暫緩興建核四，原已編列之預算停止支付。
1989年	支持反核四的民進黨員尤清當選台北縣長。
1991年	台電組成「核四溝通策略小組」，對核四擬訂一系列全國性與地方性溝通列車計畫。
1992年2月	行政院通過恢復核四興建計畫。
1992年6月	立法院三讀通過核四預算恢復動支。
1994年5月22日	貢寮鄉公所在台北縣政府的支持下，舉辦了核四興建案的公民投票。同時反核團體發起大規模反核大遊行。此為台灣史上首次由政府舉辦的公民投票，投票率58％；不同意興建核四者為96％。對此中央政府和台電表示：「公投沒有法源依據，核四政策不會改變。」
1994年6月	台灣環保聯盟發起罷免擁核立委運動，訂於當年11月27日舉辦罷免案投票。
1994年11月27日	罷免立委案投票同時舉辦北縣核四公投。投票率約18.5％，不同意興建核四者占89％。

1996年3月23日	台北市長陳水扁以「試辦市民投票」的名義，於1996年3月23日與總統、副總統的選舉投票同時舉辦台北市核四公投，投票結果為投票率58％，不同意興建核四者占54％。
1996年5月21日	張俊宏、翁金珠、顏錦福等民進黨立委提起「廢止所有核能電廠興建計畫案」。
1996年5月24日	廢止核四廠興建案闖關成功，立法院三讀通過廢止核四廠興建案，凍結核四預算。
1996年6月	副總統兼行政院院長連戰主導行政院對廢止核四提出覆議案。
1996年10月18日	立法院通過廢止核四覆議案。
1997年10月	台電向原能會提出核四廠建廠執照申請。
1997年12月9日	立院刪除核四之八十七年度預算。
1999年3月17日	行政院原子能委員會正式核發核能四廠之建廠執照，開始動工興建。原計畫核四廠一號機於2004年商轉。
2000年5月20日	總統陳水扁指示「核四再評估」，經濟部部長林信義招開「核四再評估會議」，暫緩核四工程各項採購與工程招標。
2000年10月16日	行政院院長唐飛因主張續建核四，與總統陳水扁主張廢核四立場不同，以健康不佳為由請辭獲准。張俊雄繼任行政院院長。
2000年11月10日	行政院對核四爭議申請釋憲。

2001年1月15日	司法院大法官通過釋憲《釋字第520號》，認為核四停建屬於國家重要政策的變更，立法院作成反對或其他決議，政府部門應執行立院決議的內容。
2001年1月30日	立法院第四屆第四會期第一次臨時會，國民黨、親民黨、新黨黨團及無黨籍聯盟等九十一名立委提動議案。最終以135：70的比數表決通過決議：立法院依大法官會議所作第520號之解釋意旨，再予確認核能四廠預算具有法定預算效力。反對行政院逕予停止核能四廠興建之決定；行政院應繼續執行相關預算，立即復工續建核能四廠。
2001年2月13日	行政院院長張俊雄與立法院院長王金平簽署協議書，達成核四復工協議。
2006年1月24日	台電向經濟部提報《核四商轉延後計畫書》，核四工期延後三年。
2011年6月13日	立法院審查100年度總預算附屬單位營業及非營業部分預算案，其中包含核四140億追加預算。在國民黨團人數優勢之下，民進黨提案全數遭到否決，通過140億追加預算。
2012年10月30日	第一反應爐首度公開露面，依照官方說法，廠房建設已近百分之百完工，目前正試運轉的一號機廠房外已在做綠化工程，顯示動工十三年多的核四廠已可正式發電。
2013年2月25日	行政院院長江宜樺宣布，核四是否續建由公民投票決定。國民黨團書記長賴士葆表示，核四公投要和政治脫鉤，盼盡快進行公投。

2013年3月9日	由台灣綠色公民行動聯盟等150個民間團體共同發起北、中、南、東反核大遊行，全台參與人數總計約22萬人，活動口號為「終結核四，核電歸零」。
2013年4月2日	經濟部籌組的強化安全檢測小組正式運作，由前原能會核四安全監督委員會委員林宗堯主持。強化安全檢測小組由核一、核二、核三廠各抽調十五人，共四十五名台電資深工程師，加上美商奇異公司十二位專業技師、未來接手運轉業務的台電核四廠人員四十名到五十名，以及國際驗證單位世界核電廠協會（WANO）與美國核能管制委員會（NRC）約二十位專家，合計百餘人。預計自5月2日起，重新進行檢測，為期至少半年。

反核理由 2

核四並非高科技的象徵

承包混亂、設計疏失、人謀不贓，讓這龐然大物成為一台不合格的拼裝車。

核四廠的建造承包商混亂

核四這項充滿爭議性的公共建設投資案，其建造過程話題不斷，屢屢衝擊納稅人對這項建設的信心。有人形容核四宛若一台「核能拼裝車」，這不是沒有道理的。這座核電廠一號爐與二號爐的各部分分別由日本東芝（Toshiba）、日立（Hitachi）與美國奇異（General Electric）三家公司承包，汽渦輪機的製造商則是日本三菱（Mitsubishi）。承攬核島區工程的公司更加眾多：主要由新亞建設承包；島區焊接則由中鼎公司承作；土建工程則包含大棟營造、中鼎集團、達欣工程、尚禹營造、立誠營造、合億營造等。

然而承攬「核四計畫第一、第二號機汽機島區雜項機械設備製造及安裝工程」的承包商在公共工程委員會的網站上

顯示，承包核四工程的公司為城安新科技公司，但在經濟部商業司網站列出的資料中發現，國登營造與城安新科技公司的地址完全相同，而且兩家公司的董監事又是交叉持股，等於國登營造就是城安新科技公司，核四就是由國登營造來承包。而國登營造從1998年至2013年涉及多起工程弊案，包括聯勤中科污水處理工程塌陷、高雄國道末端路段改善工程圍標，還有造成多人死傷的北山交流道鷹架工程，再加上之前因鋼筋外露等工安問題造成延後通車的五楊高架工程，明顯是家紀錄不良的公司。用這樣聲譽不佳的承包商，行政院如何能保證核四廠絕對安全？

事實上，核四廠在一開始的建設規劃中，工程發包上並非如此混亂，起初是直接將整個工程外包給美國的奇異公司，於1999年3月動工。然而這項如此具爭議性的工程若非戒嚴時代的高壓統治與資訊封閉等情況，在台灣的各項客觀環境之下，是非常難以為居民所接受的，當時的執政黨萬萬沒有想到在施工後不到一年，台灣的政治環境竟變了天。2000年政黨輪替，民進黨為了履行「非核家園」的承諾，於是在該年10月宣布停工。但在聯合國氣候變化綱要公約會議通過了《京都議定書》後，規範了各國的二氧化碳排放量，於是核四計畫又被重新啟動。在一陣朝野攻防下，朝小野大的民進黨政府敗下陣來，經大法官520號釋憲及立法院決議等過程後，朝野達成復工協議，並於2001年2月復工。這時政府想找回當初承包核四建設計畫的奇異公司原始團隊，但問題來了，過去的工作團隊已經不知去向。在預算有限的考量之下，政府決定一改原本整個工程由一

家公司承包的發案方式，將工程切割成多個部分分別招標，造成了這台核四工程拼裝車。

有論者言：「國內許多其他公共建設也是分包給許多不同廠商來施行，核四這麼浩大的公共建設，勢必會有更多的承包商，承包廠商為數眾多是正常的工程專業分工。」在此國人必須了解這是一個非常嚴重的謬思。核四的興建，過程延宕、曠日費時，導致期間許多廠商棄包或倒閉，更遑論官商勾結與各種利益輸送，使得工程銜接出現漏洞與問題，甚至還讓信譽已有瑕疵的廠商來承包，這種工程分包的混亂，才是真正可怕之處。此外，核四的儀控系統訊號點將近四萬個，其龐大複雜實為舉世罕見。如此精密的系統，必須做到萬無一失；要做到如此，施工廠商必須是經驗豐富、熟悉系統介面的老手，才得以避免發電廠本身故障所造成的危害，保證最基本的安全。

然而，核四經過政府的決策停工再復工，顧問公司以及國內承包商之人員已遣散再新募，造成了現下核四廠的整體施工過程與品質，只能用「一盤散沙」來形容。工地主任不具備核電專業，施工人員全是臨時約聘人員，若說這樣一項公共工程安全無虞，實在無法使人信服。況且核四屬於特殊型電廠，建廠又存有諸多問題，使用新手初試，絲毫沒有運轉及維護經驗，熟練度與應變能力更是薄弱。國內學者就曾批評「核四之安全度及穩定度，甚至比起核一、核二、核三，相差甚遠。」

在2012年媒體甚至爆出核四廠一號機電氣工程「錯用」金屬導線管事件。在這個事件中，原本依照規定，無論是反應爐所在的核島區，或其他設備所在的非核島區，只要是被劃設為

輻射區域且與安全有關的設備，都必須使用兼具防水與抗輻射的NWC型金屬導線管。然而台電除了在核島區反應爐控制棒驅動系統中使用NWC型導管外，其他設在輻射區域的安全相關設備，使用的都是不具抗輻射功能的ZHUA型。原能會調查後卻得到台電提出核四廠施工人員「智能不足」、「錯誤解讀美商奇異公司設計圖和施工規範」等回應。那麼我們想問，核四廠的其他角落，是否也存在著同樣的狀況？這是正常「分工」會出現的狀況嗎？「分工」一言是有意混淆視聽之詞，因為這樣紊亂的分包情形造成了施工過程出現許多問題，使得台電自行變更設計，所變更的設計又造成了眾多施工錯誤，這更是核四無法獲得人民信賴的另一大主因。

設計與制度疏失，沒有廠商願意給核四掛保證

除了分包廠商的紊亂外，眾多學者專家另批評，核四的設計與制度，也是一團糟。其中身為核四整合顧問公司之一的URS公司在2010年就曾建議：「核四應當重新設計，否則會釀成大災難。」核二、核三廠的顧問公司貝泰公司的退休顧問也曾表示：「核四真的比核一、核二、核三危險。」清華大學核工所教授白寶實亦認為：「公共建設如果需要修改設計，就代表有不周延之處，不應該做了再來修，而是應該停工，重新設計。」

甚至在2010年年底就曾有核四廠工人爆料：整個核四廠區的電纜鋪設設計都有問題，需要全廠重新設計、鋪設施工。根據核四廠前安全監督委員林宗堯所言，核四廠的設計疏失可分

為以下幾點：

　　首先是核四廠的系統設計問題。台電想做One Touch數位化儀控系統核電廠，這是過去所有擁有核電技術的國家都不曾做過的設計，因此在興建上本來就有其風險。核四建廠初期，即以世界最新、最好為規劃理念，因而設計出舉世罕見之特殊核電廠，尤其儀控系統設有將近四萬個訊號點，且核四廠的設計是承包商奇異公司的處女秀，前無他例。核電廠的儀控系統就宛如其神經系統，其準確性及穩定性，攸關著公共安全甚鉅，閃失不得。

　　耶魯大學教授查爾斯‧培羅（Charles Perrow）曾主張：「核電廠設計時都以系統只存在某些常見的特定故障狀況作為檢測，一旦啟用後故障情形超出原設計者的設想，整個核電系統的全部運作就會超出原設計者所能掌控的範圍。」偏偏核電廠實際上可以出現的意外情境有上億種組合，遠超過設計者所能預想。因此，根本不可能保證故障時的安全。台電用經驗薄弱的石威顧問公司共同設計，並自行採購設備，獨立施工及試運轉；而後又分交由不同廠商各別發包，未來面臨介面整合時很容易藏有未可預見的問題。在續建核四期間，諸如管路衝突以及共用纜線等設計問題多達數百餘項，族繁不及備載，核四廠陷入了這種進退兩難的窘境，進而引發台電公司擅自變更設計之紛擾。

　　其次，台電刻意隱瞞、規避原能會規定之定期檢查，其違規變更設計，為未來核四實際上路運轉埋下諸多未爆彈。核四廠因此已遭原能會罰款多次，然而台電仍繼續變更設計，

除了主要機組繼續延用奇異、東芝、三菱等公司的產品外，其餘各項零件皆分包給多家廠商處理。包括美商奇異公司的設計權限、攸關核心運轉的「核四廠核島區」設計等等，其中屬於「核能安全相關」的關鍵區域就多達七百餘件，甚至連安全防護的零件都被任意更改為劣質品，還以「質疑原始設計不良」為由，前後更改設計數量高達一千五百餘項，因此美、日雙方都不願為核四提出發電機組的最終安全保證。如今台電已逕與顧問公司解約並依法進行仲裁，目前已無原設計公司支援。台電這樣的擅自妄為下使得核四已非當初的標準設計，試運轉程序毫無前例可循，台電在毫無經驗的狀況下自行測試，已經多次導致系統出了問題。

　　再者，核四廠並沒有嚴格的品管標準。台電「邊設計邊施工邊發包，自己認定強度標準」這種「球員兼裁判」的作法，加深了核四運轉的危險性。核四廠的員工曾經透漏：「核四監督、檢驗等未依設計圖及規範導致工程混亂、纜線混雜及信號互相干擾，嚴重影響施工及未來核安。」核四廠的施工安全及品保概念闕如，由各個承包廠商自行品管，政府品管退居二線，且無外部獨立之品保監督。核工學者直言：「核四沒有細節、沒有過程，目前的安全標準淪為趕工標準，未來商轉一定會出事！」而現今政府卻一心尋求國際專家替核四廠安全認證，但國際專家只會提供建議，他們無法給予核四安全認證，更不會保證核四的安全。

　　由於核四品管「從頭到尾都有問題」，林宗堯對此認為：「如果要做到百分之百的安全標準，必須將126個系統全數退

回施工單位，由國際專家長期進駐、逐一審查，時間與資金都是問題。」過去核一、二、三廠都有品保十八條，但核四的第一線品管卻是交付給各個承包商，政府再來向民眾保證核能安全，這樣的工程品質，身為使用者的我們能不害怕嗎？

　　核四廠不只施工無標準，試運轉也同樣是無標準程序可參考，紊亂無章。核電廠的運轉測試之完整過程以及嚴謹程度，取決於測試程序書。前三廠由駐廠顧問沿用國外標準廠之程序書加以修正。然而核四廠為特殊規格建造，並無標準程序書可資沿用。台電以毫無核電廠實務經驗之新進人員進行編寫，也由無實務經驗之測試人員負責執行測試。整座核四廠不具備全廠試運轉測試規劃，也沒有經驗豐富的顧問主管駐廠指導，整個過程僅由台電自主其事。

　　此外，採用分包方式進行核四工程產生了另一個問題，也就是「採購與管理紊亂」。政府為了節省經費，工程發包向來採用「最低價得標」的方式，使得材料的可靠性與即時性無法與興建時間吻合。核四的建設過程融入了許多政治因素，使得工期延宕嚴重、復建日期難料，造成設備採購不順、工序紊亂、工程進度遙遙無期。而順利得標之設備工程，也因工程延宕造成過早採購的狀況，甚至還引發相關的貯存問題。停工、復工這一連串惡性循環期間又逢颱風淹水，設備泡水嚴重，因其存放過久保固期已過，已然求助無門。而這二十多年的延宕所造成的設備老舊，更導致施工問題層出不窮，諸如焊條、焊工管控、共同管線以及纜線鋪設等問題接連爆出。

　　最後，礙於制度與人力限制，犧牲了核四廠的安全性監

督。核四的安全監督委員會隸屬於原能會，扮演的是諮詢角色，決策與結論都缺乏法源依據，這使得隸屬於行政院的原能會，在「核四必須建」的上級政治決策下，對於核四到底出了什麼問題有口難言。況且原能會監督人力甚缺，並無力顧及全盤。在人力精用的條件下，原能會將核四系統分成三級：安全級、品質級及一般級，並集中人力於監督審核安全級系統。即便原能會已全力以赴、夙夜匪懈，仍然是力有未逮，更無力顧及一般級系統，使得核四即便是燒毀了半個廠，卻仍不在原能會安全監督審核範圍內。然而原能會卻是政府法定主要之核四安全監督審核部門，難符國人期待。政府竟無思解決根本問題，卻一味尋找國外專家背書，絲毫無視於：一個不曾參與監造以及施工過程的國外團隊，頂多只能確認核電廠設計的合理性，以及在有限項目上測試關鍵性功能是否正常，而沒有能力保證一切施工品質及先前承包商所採用的零組件完全合格，在任何使用操作上都不會發生異常。就如同一個未曾參與大樓監造與施工的建築師，是不可能只依據設計圖以及基本測試就能夠保證大樓安全的。政府執意天馬行空，若果真如此蠻幹，這會是多麼可怕的官商勾結，棄全台生命安全於不顧的決策？

　　政府在這種思維下主導興建核四廠，果然2013年又被爆出測試報告作假的情形。原能會公布的經濟合作暨發展組織之核能署（OECD/NEA）專家小組針對我國運轉中三座核電廠的壓力測試同儕審查報告書，遭綠色消費者基金會董事長方儉質疑，指出這根本不是合格的壓力測試報告，原因是歐盟規範中的專家小組成員總共應當有七人，而先前進行我國壓力測試

的OECD專家小組只有六人，並且未獲得歐洲核能安全管制機構（ENSREG）授權同意，甚至後來加入的第七人竟只是以原能會官員羅偉華來充數，這根本就是一本花大錢買來的「假報告」。方儉更痛批：「這夥人根本沒有看過ENSREG的壓力測試規範，就隨便拿一個台灣人來充數，如此違反規定，恰恰證明這是一份無效的壓力測試。」

💡 **核能小辭典**

❯**壓力測試**：考量地震、海嘯、洪水及其他可能潛在導致喪失安全系統之特殊狀況下，對核能電廠之安全餘裕大小所作的再評估。

❯**同儕審查**：由多位相關領域的專家來進行的評估工作。此作業目的在於保持安全水準、提升績效與強化信心。

人謀不臧、弊案叢生的核四

工程設計不良、施工包商偷工減料以及程序紊亂不堪的核四，已經讓人民在進行商轉的安全上打了一個大問號。屋漏偏逢連夜雨，核四工程又被台北地檢署查出多名台電高官涉及貪污。由貪污的官員向人民保證安全，更是令人無法苟同；這一擊使得人民對核四的信任感判上了死刑。

在2010年4月，台北地檢署查出台電核能火力發電工程處副研究員周吉村，於任職龍門施工處處長期間收賄600多萬元，並浮編預算，圖利包商信南建設公司，其他相關涉案的六名官商

皆依貪污等罪嫌起訴，分別為前台電龍門施工處處長許仁勇、周吉村、前副處長周芳國、龍門施工處混凝土供應課課長鄭宗昇，以及信南建設公司負責人張慶隆、信南公司龍門廠廠長林建宏、龍門廠工地負責人高崇仁等。其中周吉村被求處二十年的重刑，許仁勇、周芳國二名台電相關業務主管也被求刑十二年，併科罰金200萬元。

　　周吉村被查出違反《政府採購法》的規定，以限制性招標手法圖利包商，將個人紅白帖、稅單、油資、申請外勞費、修車費、禮品等69萬元花費讓包商買單。此外，檢方查出他還在台北市內湖區之一處咖啡館內，分五次向包商索取600萬元賄款。周吉村讓廠商以新台幣數百萬元行賄，先主導由台電浮編1億560萬預算予信南公司承包工程，五年後再度剝削台電預算，議定每月攤提176萬元給信南公司，使信南公司再次標得核四復建後的23億工程。

　　被檢方依貪污、違反商業會計法等罪求刑的業者張慶隆甚至巧立名目掏空信南公司1億2,800萬元。這樣的工程弊案，直接反映在核四廠的興建過程與品質上，1998年間，台電辦理核四龍門計畫混凝土製造工程招標案，信南公司連年退票，總計257次，退票金額已高達12億元，屬於信譽不佳的廠商卻行賄承攬工程，台電至2006年已支付此廠商工程款近1億7,000多萬元。

　　除了上述弊案外，2012年5月16日台電的核能技術處副處長林俊隆被查出涉嫌圖利核四廠業者。廉政署查出林俊隆涉嫌在五年前驗收一筆2億6千萬元電氣導線管路採購案時，竟放水

護航，讓廠商以不符防輻射規格的低價次級品濫竽充數，圖利業者數千萬元。依合約規定，廠商所用材料須經過「美國材料與試驗協會」（American Society for Testing and Materials，ASTM）的認證，但揚合公司卻涉嫌買次級品，另將材料交由財團法人科技協進會檢驗，並取得合格驗證報告。原本台電人員發現揚合的材料未依照合約進行認證，拒絕驗收。但林俊隆卻在仲裁會議中強勢主導，讓揚合得以用上述科技協進會的驗證報告過關。因為一人的利慾薰心，採購沒有輻射防護的電氣導線管路，若用在核電廠反應爐的安全設備上，恐遭輻射影響，造成電線短路，發生嚴重的核安疑慮，若一旦發生核災，北台灣近千萬人恐須撤離。

2013年年初，立法委員管碧玲爆料，自從2011年開始，台電核四工程至今就有八次自行採購錨栓的情形，總金額將近3,800萬，其中有二次是直接向原廠Hilti台灣公司以限制性招標的方式小額採購，其餘六次的錨栓採購各達百萬至千餘萬，全都由另二家廠商得標，但廠商所交付的錨栓也都是由Hilti公司所生產。然而離奇的是，這六次得標的二家廠商，雖然公司登記地址不同，但通訊地址卻一模一樣。因此引發同一包商掛不同名投標的質疑，而且既然可以跟原廠買到錨栓，為何還要讓其他廠商轉手賺取傭金。況且美國核能管制委員會（NRC）曾向全球發出此型錨栓設計有問題的警告。然台電不顧NRC警告及原能會的裁罰，迄今堅持採購這家公司生產的螺栓，背後必有弊端。這項採購案直接導致2012年10月核四廠被原能會視察發現，普遍有施工順序錯誤的問題，造成埋鈑螺栓被截掉的支

數多到數不清，這種狀況將使連接熱交換器的管路脫落斷裂或訊號斷裂，恐導致訊號錯誤或爐心發生散熱上的問題。

　　這些一次次被爆料的貪污舞弊案，再再告訴國人，向民眾保證核四廠安全的台電公司，事實上卻是扼殺這座核電廠的元兇。再大的天災沒有貪婪的人心可怕，尤以台灣這樣每年颱風、豪雨、地震等災害頻仍之處，更是絲毫對安全不能掉以輕心。台電這種心態的建設過程與保證，您能放心嗎？

反核理由 3

核四很「掉漆」！

核四的施工過程疏失讓這台拼裝車更加岌岌可危。

　　如果一棟房屋的建設過程疏失不斷，錯誤百出，你會選擇購買這棟房子嗎？那麼如同核四廠這樣重要且攸關國人身家財產安危的建設，又怎麼能夠馬虎呢？依據監察院的糾正文，核四興建期間光是人為疏失造成淹水，至少就有七次。2008年7月辛樂克颱風侵襲，台電由於輕忽颱風，疏於準備，積水淹入二號機廠房最底層達2公尺高，造成緊急冷卻系統等設備泡水，近2億元設備受損，核四廠興建期間設備甚至多次燒毀。大小疏失映照出的是核四先天拼裝設計不良、採購因分散而龐雜、施工與管理「落漆」的綜合結果。以下為核四廠興建過程歷年大小疏失一覽：

　　2003年1月10日，監察院彈劾中船公司與台電公司辦理核四一號機組反應爐基座採購，過程中對於基座施焊之監工、檢驗、品保及焊材等管理輕率，以致承包商長期偷工減料，使用低強度焊材，導致焊道產生諸多線性裂紋。此外中船公司對核

四發包作業仍有諸多瑕疵，嚴重影響基座工程品質及反應爐安全，造成鉅額損失，共彈劾中船公司前總經理江元璋及台電核能火力發電工程處處長呂學義等十二人。

2008年初，原能會調查發現，台電違規自行變更設計達395處，其中20件涉及安全問題，違反《核子設施品質保證準則》。其中「反應爐緊急冷卻水道」支架焊接工程未照原設計，在原能會《2007核四工程管制報告》直言：此變更將使「重要安全功能喪失，導致實質危害」。而原能會核能管制處處長陳宜彬他坦承「爐心冷卻水道問題較嚴重，若焊接品質出問題，萬一爐心管線漏水，冷卻水道無法緊急注水，將導致爐心核燃料暴露，有輻射外洩危機。」相關專家學者亦指出，爐心沒有冷卻水將造成「爐心熔毀」，放射線如順風飄散，可能影響到大台北地區；一般人碰到四千到六千毫西弗輻射劑量就會死亡，外洩可能高達數萬毫西弗。而奇異公司更表示：「台電自行變更相關材料與施工規範，會導致安全可靠度出問題，須由台電自行負責。」

馬政府上台後想要在建國百年讓核四廠商轉，以此作為百年國慶的「大禮」，於是在2010年遂令拚命趕工，也讓核四在這一年工安事件頻傳。2010年1月初與3月底接連發生兩次火警。1月初工地深夜發生火警，現場堆放大量電纜線，起火原因疑為電線走火。而3月底在測試階段的核四電廠一號機主控室因為室溫過高、空氣品質不佳等「設備環境不良」因素發生火災，儀控設備中的不斷電系統（CVCF）故障失靈造成電熔劣化與電壓波形畸變，導致顯示器、警報與照明等11項設備318個

零件故障。其中四分之三的電容器、73片系統控制處理器被燒毀，緩衝異常電流的突波吸收器也盡數短路。整起事件造成當時主控室的顯示盤面失去電力，倘若這場意外是發生在反應爐運轉後，會使得工程師無法掌握反應爐的溫壓、冷卻水流、水位，後果將不堪設想。

同年5月27日發生在主控室與安全相關變阻器燒損事件。台電員工依據過去核一至核三廠經驗，使用雞毛撢子清理不斷電系統電盤，卻因為雞毛撢子與盤櫃磨擦時產生靜電，導致系統記憶體內部的程序錯亂，輸出電壓受到干擾，影響到下游的儀控盤金屬氧化變阻器（MOV）再度爆炸短路，燒毀了11個盤櫃的突波吸收器，電源亦告中斷。核四廠專業總工程師徐永華指出，這次的意外原因在於不斷電系統原廠GUTOR為數位作業系統，與傳統的類比式不同，但是使用說明書上並沒註明不能用雞毛撢子清理電子盤櫃，維修人員根本「不知道不能這樣清」，經GUTOR派人做專業訓練後，才知道是「有毛的器具都不行」。而這麼誇張的意外事故，台電卻封鎖訊息直到六月底媒體爆料才得以曝光。

7月7日，核四再度被爆料主控室電纜鋪設設計錯誤，嚴重的話可能會引起控制系統訊號干擾，反應爐失控。事隔僅二日，7月9日核四進行系統測試時，又發生核四自廠外向廠區輸配送電的電路系統因高溫而燒燬，造成整個廠區長達28小時的大停電，超過全世界核電廠最長停電可應變時間8小時的期限三倍有餘，若在正式運轉時發生，將使電廠失去控制反應爐冷卻系統的能力，導致爐心融毀。而當日意外發生時正值貢寮海洋

音樂祭，數十萬遊客湧入貢寮，原能會卻在民間團體的逼問後坦承，原能會沒有快速疏散數十萬人的輸散計畫。8月7日，核四廠因設備雨水滲積的問題，造成主要輸電系統所有變壓器同時跳脫，連續三天內部交流電源供電異常。

在出了這麼多的意外之後，台電居然在8月核四廠消防安全勤務的工作招標，取消廠商的消安資格門檻，將「限制廠商需在近5年內曾完成與本次標案將近的勞務契約，並具相當實務經驗，以及單次契約不低於1,200萬。」這項條件拿掉。使得一般公司皆可投標，被環境保護聯盟質疑涉弊。立委則諷刺，文具店和便當店都可以來參加競標。核四廠不屬於一般建築物，消防規格應更加嚴格，台電卻修改招標方式，放寬門檻讓一般廠商競標，忽視消防安全。

2011年1月，原能會發現核四廠區內有多處重要電纜線被老鼠咬毀。台電對此卻表示：「我們會再想辦法，多編列一些預算添購捕鼠器。」如此嚴重的工安問題，台電高層不思追本溯源的解決之道，反之卻以如此輕佻的態度回應，令人無法苟同。

同年3月，審計部、原能會調查發現，台電刻意隱瞞、規避原能會定期檢查，擅自違法自行變更核四與安全有關設計高達700多項，包括奇異公司設計權限、攸關運轉核心的核島區設計；未來核四廠運轉後一旦發生問題，責任歸屬將難以釐清，奇異公司將無任何協助處理的法定義務。

同年8月，值班人員執行從冷凝水槽經過高壓灌水系統對抑壓池的灌水作業時，由於沒有按照規定掛卡，也沒有執行工具

箱會議，導致大量水從閥體漏出，致使三組地震偵測儀等安全設備受積水影響，造成95萬的設備損失。

2012年3月，核四廠一號機室內消防栓箱的太平龍頭脫落致大量水源冒出，使廠房淹水高達30公分。而經過後來的查證，太平龍頭是日規，但連結的消防管卻是美規，咬合度只有四分之一，足見採購專業度出了問題。相同的淹水狀況還有同年4月，核四廠的自動逸氣閥故障，導致海水大量流出，淹水高度達150公分。

2012年10月1日，媒體爆出核四管線亂裝，台電在該年五月採購驗收時，涉嫌「放水」護航，讓廠商以不符輻射安全規範的防水產品取代抗輻射導線管；原能會官員認為，台電應該沒有故意胡作非為，而是施工處和相關廠商看不懂英文說明書、對輻射防制所知有限，將鍍鋅層13微米的管線裝到只有5微米的厚度，才造成這起事件。

以上這麼多起長年來的建設過程的疏失，已明顯打破了台電以技術之名強迫全國民眾相信核能安全的神話，靠著披上「專業」的外衣，拒絕民間的監督，其實一般民眾應該關心核四安全議題，要求台電出面說清楚，不該讓台電與原能會避重就輕、含混過關，將大家的身家安全棄之於不顧。

反核理由 *4*

前車之鑑不可忘

核一、二、三廠曾發生這麼多事故，您對核四有信心嗎？

　　許多擁核者認為，核能發電的事故發生率與致命率極低，甚至可以說遠低過於空難、車禍等，人民尚且乘車、搭機旅遊，那為何要因此廢核？這樣的說法實在是一個嚴重的悖論。核四是一項由政府主導，花納稅人民血汗錢的公共建設，政府理應以追求公眾的安全為第一要務，其他的追求目標則以此為基石，在這個目標達成的基準下來追求。乘車、搭機等抉擇存在於個人的手中，個人可以自我做決定，而核能電廠一旦發生事故，被殃及的無辜居民是被動波及，只有政府對核電廠的安全做好把關，人民的身家才得以保全。而台灣的核能發電是否安全，以下藉由三張表格列舉過去核一、二、三廠為例，看過這些例子之後，我們才能夠了解，台電在面對核電廠各環節的處理態度，這樣的處理態度，難保能避免各式各樣造成災難的人禍，人民又如何能對核四廠的安全有信心呢？

核一廠意外事故

日　　　期	意　外　事　故
1978年10月	核一廠嚴重外洩輻射性氣體，經美商搶修一個月始獲改善。
1980年8月19日	核一廠冷卻水入口被海飄垃圾阻塞，造成循環水泵進口細網及主凝水器水箱堵塞，冷卻水供應中斷。
1980年8月27日	核一廠再度被垃圾堵塞冷卻水入口，造成低壓氣機保護膜片破裂。
1982年1月7日	核一廠員工歐萬居在反應爐修護工程中摔傷，遭高劑量輻射污染，3天後死亡。
1982年3月	核一廠將輻射性廢棄物丟棄在台北縣石門鄉垃圾場，導致整個垃圾場受到輻射污染。
1984年8月7日	核一廠實驗室的飲水機被投入銫137核種，造成7人體內輻射曝露。
1985年9月3日～10月28日	核一廠二號機為打破世界連續運轉紀錄，造成長達56天的廠外連續空浮事件，累積輻射劑量超過850毫侖目（mRem）。
1986年1月6日～16日	核一廠二號機空浮嚴重引發全廠（包括一、二號機）的大撤退（仍然繼續降載運轉，實施「運轉中維修」），一般管制區輻射劑量達背景值的十萬～百萬倍，汽機間變成高輻射區，地面積灰厚度超過一公分。
1988年3月5日	核一廠員工詹如意揭發自身遭受輻射污染，並揭發台電多項弊端。

| 1988年10月12日 | 核一廠二號機管路更換工程管理不善,導致大量輻射性污水外洩事件。 |
| 1990年8月19日 | 「楊希」颱風期間,核一廠一、二號機線路跳脫,電力無法輸出,導致反應爐緊急停爐。 |

核二廠意外事故

日 期	意 外 事 故
1982年2月3日	核二廠4名包商工人在檢修核廢料處理系統時,分別受到高輻射劑量的污染。
1983年2月23日	核二廠二號機因為海水滲入反應爐,導致反應爐停機。
1986年6月17日	核二廠一號機勵磁機焚毀。
1987年2月10日	核二廠二號機汽機房有15處洩漏。
1987年4月11日	核二廠值班員工睡覺被查獲。
1987年5月13日	核二廠一號機一般及油性廢料系統管路破裂,造成廠外土壤污染。
1987年6月11日	核二廠二號機因為「爐水淨化系統」、「冷卻水再循環系統」、「主蒸汽隔離閥」等處管路、閥門破裂,導致洩漏率過於嚴重,手動停機解聯。
1987年7月5日～6日	核二廠一號機因「反應爐壓力槽」內冷卻水流失,反應爐急停。
1987年7月8日	核二廠出現高輻射警報,原因是燃料棒破損。
1987年8月15日～17日	核二廠二號機「冷卻水再循環系統」大漏檢修。

1987年10月27日	琳恩颱風期間，核二廠南側開關廠積水一公尺，一號機汽機房積水，「核機冷卻水泵」被淹沒；一、二號機由工作人員緊急手動停機。
1987年10月28日	核二廠一號機重新啟動，發現廢氣排放的輻射劑量有升高趨勢，原因是燃料棒破損。另外冷卻水洩漏率增加，反應爐急停。
1987年11月～12月	核二廠一號機大修，因違反輻射防護安全作業程序，導致200名工作人員體外輻射曝露。
1987年11月4日	核二廠二號機「反應爐水淨化泵」導流閥洩漏，停機檢修。
1988年5月13日	核二廠廢水管路破裂，員工鞋底遭污染，造成廠區外大規模土壤污染。
1989年9月21日	核二廠二號機廢氣系統排放管路出現高輻射警報。
1989年10月23日	核二廠一號機大修期間，包商工人及工安人員執行電銲作業疏失，引起火災。
1990年3月3日	核二廠一號機的「數位液壓控制系統」保險絲燒斷，造成「主機調速閥門」突然關閉，使反應爐壓力升高，爐心中子通量升高，偵測器動作而跳機。
2011年11月2日	核二廠「輻射防護洗衣房新建工程」，耗時19年，仍未完成總驗收，也未追究相關單位設計不當之責，由監察院糾正。
2013年1月15日	監察院糾正，核二廠建廠時的螺栓材質有瑕疵，導致一、二號機螺栓斷裂。

核三廠意外事故

日　期	意　外　事　故
1984年10月	受雇於核三廠的3名冷卻水進出口潛水清潔工龔興旺、蕭榮吉、張順吉，在工作後數日間相繼發病死亡。
1985年7月7日	核三廠一號機汽機房發生大火。經一年兩個月停機修復。
1986年10月22日	核三廠4名員工誤入高輻射區域。
1987年4月11日	核三廠值班員工睡覺被查獲。
1987年8月29日	核三廠模擬中心模板失火。
1987年9月24日	核三廠跳機，控制棒有兩根底栓斷裂。
1988年3月10日	核三廠遺失2枚固態輻射源。
1988年7月	核三廠出水口附近被發現大量珊瑚白化死亡。
1989年1月	核三廠一號機反應爐控制棒發生底栓斷裂，導致控制棒全部換新。
1989年9月11日	莎拉颱風期間，核三廠二號機跳機。
1990年4月7日	核三廠一號機的「控制棒控制系統」有一線跳脫，導致3根控制棒掉落爐心，中子通量過低而急停。
2001年3月18日	核三廠反應爐跳電，備用發電機無法起動，備用電力僅能供應2小時。
2011年7月19日	核三廠將列為核安等級的「高豐度硼砂」，開放中國參與投標，並涉嫌圖利特定廠商。

　　除了上述的核安意外之外，在1984年6月，運送核廢料的船隻與漁船在金山外海相撞，核廢料桶墜入海中。這一起起意外，證明了台電所保證的「核安神話」已不攻自破，再加上台電向來發生意外總以「息事寧人」的態度來處理，因此未曝光的意外事件，不知還有多少，這讓身為核能使用者的你我，真的有辦法安心相信未來的核四廠，有辦法逃脫核一、二、三廠意外頻傳的魔咒嗎？

反核理由 **5**

天災、地震、海嘯……

台灣的所在位置與地理條件根本沒有本錢建設核能發電廠。

　　英國《獨立報》在 2012 年 4 月指出，不論從地震或海嘯風險來評比世界最危險核電廠，台灣都榜上有名，這顯示了台灣並沒有發展核電的本錢。但擁核人士卻認為，隨著時代的發展與科技的進步，核能發電所可能產生的災變幾乎是微乎其微。然而2011年日本福島核電廠發生的災難，活生生打破了他們這個堅定的信念。「人定勝天」不再是足以欺瞞人民的糖衣，一場場血淋淋的災難，再次證明了人不可能勝天，科技的日新月異，使人們對自身擁有的知識與技術產生了過度膨脹的自信，常常忘了大自然的不可測，忽略了即使身處高樓，仍須立基於土地，從事任何人類社會的活動，本應謙卑的順從大自然的法則。唯有經歷災難，人們才找到機會將自己從入戲太深的經濟成長大夢抽離，開始重新檢視這項花了逾三千億納稅人民血汗錢的公共工程，政府是否真能履行其所保證的承諾，亦或從頭至尾，核能安全就只是一齣台灣政府從來就保證不起的神話？

處於地震帶的台灣沒有蓋核電廠的本錢

2011年3月11日，日本福島外海發生芮氏規模9.0的強震，隨之而來的海嘯超過15公尺高，福島核電廠內部的防災系統一個個失靈，輻射物質不斷外洩，造成了一場世紀災難。福島核災的可怕之處，在於天災與人禍的結合，單從天災這一點來看，同樣屬於為海島國家的台灣，地理環境與日本極其相似。福島事件發生後，美國《華爾街日報》隨即指出，全球共有34座位於高危險地區的核反應爐，幾乎全部都存在於兩個國家：日本以及台灣。之所以被列為高危險地區是因為這些核電廠興建於高活動性的斷層帶上，容易受到地震與海嘯的雙重威脅。台灣的四座核電廠加起來總共有八個反應爐，全部都蓋在高活動性的斷層帶海岸上，也就是說世界上最危險的三十四個反應爐中，台灣就有八個。反觀發生意外的福島電廠只是位於中度危險地區，就對日本以及全世界帶來如此大的衝擊，台灣每一個核電廠發生意外的機率都比福島核電廠高出許多，其帶來的後果必定超乎我們所能想像。

檢視台灣的地理環境，台灣本島位於環太平洋地震帶上，是造山運動過後自海平面底下上升的島嶼，因此地質環境十分不穩定，活動性斷層密布，板塊運動非常頻繁。台電在建設核一、二、三廠時，曾向國人保證廠區周圍並無活動斷層，台灣大學地質科學系系主任陳文山就對此提出反駁：台電事實上是根據1977年由美國學者波尼拉（Manuel G. Bonilla）所繪製的「台灣斷層分布圖」這項資料，這張三十多年前繪製的斷層圖

中，北台灣當時尚未勘查出任何活動斷層，但近年來中央地質調查所公布的「台灣活動斷層分布圖」當中，大台北地區卻發現了一條相當大的活動斷層，從金山穿過北投、五股、泰山、新莊到樹林，這條斷層即是「山腳斷層」。山腳斷層一旦活動，便可能引發地表震度高達規模7.0以上的淺源地震，這樣的地震會造成台北盆地的土壤液化。更令人擔心的是，這條斷層的活動週期可能比台灣的歷史紀錄還長，然而山腳斷層距離核一廠僅7公里；距離核二廠更僅僅只有5公里，這樣緊鄰著斷層帶周圍的核電廠絲毫沒有安全性可言。

再來說位於南部墾丁南灣的核三廠，也是緊貼著一條「恆春斷層」，由屏東縣車城鄉海口延伸至恆春南灣，與核三廠僅僅相差1.5公里。二十多年前，許多學者相信這條全長16公里的恆春斷層只存在於陸地上，但近年來的研究卻發現它一路從地表延伸至海底，與山腳斷層一樣都是極具威脅性的活動斷層。

根據台電公司規定的核電廠廠址選定標準，距離廠址8公里的範圍內，不得有長度超過300公尺的活動斷層，然而距離核四原子爐爐心不到2公里之處，就存有一條「枋腳斷層」。2011年8月底，日本富士常葉大學講師塩坂邦雄等人來台測量核四周遭的斷層分布情形，初步發現核四廠外的地質屬於古老破碎帶，面積相當廣大。塩坂邦雄擔心，這個破碎帶內飽含水分，容易導致兩邊地層滑動，就曾建議：「台灣政府尚未全盤了解當地地質情況之前，應該要全面停止核四工程」。曾經協助探測核四周邊地層的前台大地質系教授周瑞燉也說：「當時就已經發現核四廠的正下方有活斷層破碎帶經過，開挖後破碎帶更是露

出地表。」周瑞燉多次向台電建議：「不應該在此地興建核子反應爐」，但台電並未理會。周瑞燉更透露：「核四廠所在位置原本是核一廠的規劃廠址，經過美國專家探勘後認定其地質環境不佳，因此核一廠才遷移至新北市石門區現址。核四廠貢寮現址根本不適合用來興建核電廠，這完全是拿民眾的生命開玩笑。」

台灣核電廠的耐震能力有限，核電廠施工疏失更加深危害

核四廠可說是先天不足，後天又失調；先天上就已受到地震與海嘯的雙重威脅。雖台電一直聲稱核四能夠耐受7級以上的強震，卻總是拿不出憑據。日本福島核電廠的設計上，耐震強度高達0.6G（重力加速度），如此尚不足以應付天災，更何況台灣核電廠的耐震強度僅有0.4G，遠遠低於日本福島核電廠。1999年9月21日，集集發生芮氏規模7.3的強震，距離震央13公里的名間鄉以及46公里的石岡鄉，分別測到的重力加速度值為0.938G以及0.5G。然而核一、核二、核三以及核四電廠的地震耐受強度卻分別只有0.3G、0.4G、0.4G以及0.4G，頂多只能抵擋芮氏規模6.0的強震。這次我們所幸逃過一劫，幸運女神會這樣一直眷顧著我們台灣的人民嗎？

福島核災過後，核四廠仍然沒有意願主動提高抗震係數。專家學者幾經要求，然而台電的答覆卻是：我們的0.4G相當於日本的0.6G。甚至原能會的官員還語帶雙關的說：「你家養的雞（G）和我家養的雞（G）是不一樣的！」官員看待核能爭

議如此輕浮，讓人絲毫無法信任其決策；伴隨著天災的發生，人禍橫行更是造成這項公共工程重大損害的致命一擊。反觀他國，美國的核管會規定，核電廠廠址8公里之內不能有大於300公尺之斷層。而與台灣同樣地處環太平洋板塊多地震帶的美國加州核電廠的防震設計：聖翁費瑞核電廠（San Onofre）有0.66G；迪亞勃羅核電廠（Diablo）則有 0.75G。台灣的核電廠如果要比照這些核電廠的標準，提高防震力，不知又要追加多少預算。

曾任核四安全監督委員的中央大學土木系教授陳慧慈曾指出一個基礎而又重要的觀念：「地震工程，是在了解潛在地震強度以及受震後可能災情的大小以後，根據建物所在地的潛在地震規模去做設計，確保建物在受震時不會傾毀的一項工程。因此地震工程重要的前提是，我們能否得知一個確認的地震規模。」但即便台灣經歷了九二一大地震的教訓，在防災方面的努力仍然很少，比起日本因應地震所做的努力與補強，台灣至今仍缺乏公正客觀的單位進行地震評估與體檢，因此在這個缺乏防災意識基礎上，要去談核電廠的耐震要達到多少，以及潛在災害有多少都有困難。陳慧慈認為：「目前核四的任何一個設計都是無中生有，核電廠的設計圖都是推估出來的。」過去幾年他要求核四必須加裝強震儀，台電加裝了以後才發現，其加裝的強震儀跟設計圖不一樣！台電推說，這是因為擺設的位置不對，應該要擺在岩盤。陳慧慈要求台電擺在岩盤再提供數據，但時至今日台電仍未能拿出任何資料。

台灣地震如此頻繁，原本就不適合興建核電廠，但若必須

興建，那麼核電廠的抗震措施就更是異常重要。然而作為核四廠地震災害防治作用之一的圍阻體牆（剪力牆），卻在2013年被刊出一號機圍阻體牆上嵌入保特瓶的照片。由於核四興建時，不准工人隨地小便，工人即尿於隨身保特瓶內，並「順手」棄置於灌漿中的反應爐與燃料池中間之圍阻體牆上，可見工程是多麼草率。美國佛州的水晶河（Crystal River）核電廠，就因發現反應爐圍阻體牆上被不當打洞，估計須多花34億美元（約1千多億台幣）修復，而決定提前除役。專家學者眼見核四廠這種情形也只能搖頭說：「打掉重做」。這是絕對不能發生的事情但卻發生了，這些裝尿的保特瓶鑲嵌在核電廠反應爐圍阻體牆上，為核四工程留下了「歷史奇觀」式的見證。原能會也只派遣了二至三人赴工地檢查，這些保特瓶就已接二連三被原能會發現，核四廠中施工的工人總計達數千人之多，未被發現的裝尿寶特瓶，究竟還有多少？

海嘯對核電廠的衝擊

位於台灣東北角外海，地震活動頻繁的「琉球海溝」，以及台灣西南方的「馬尼拉海溝」，根據日本的探鑽結果，這種地理條件是會產生大海嘯以及強震的危險地帶。「琉球隱沒帶」就曾經發生過大海嘯，其頻率是每隔150年一次，上一次是1867年。雖然中央地調所長林朝宗認為，該年的海嘯究竟是海溝、海底山崩或斷層引起，還無法得知，但他確實也無法保證「核電廠可以百分之百安全」。甚至研究發現，距離貢寮區核四廠20公里處的海底，有活火山分布，且數量相當驚人。

台灣海洋大學應用地球科學研究所教授李昭興，曾乘坐日本的學術潛水艇至海底拍攝探勘，發現貢寮核四廠址半徑80公里海域內，有七十幾座海底火山，其中十一座是活火山，有活躍跡象，這些火山的異動，絕對會對核四安全有所影響。立委田秋堇也說，除了台灣核四之外，世界上另一座核電廠蓋在離活火山這麼近的地方，只有菲律賓的Battan核電廠，這座電廠附近有二處火山，Battan核電廠從1985年完工以來一直不敢運轉，原因之一就是當地的火山潛伏著危機。

李昭興教授指出目前確知山腳斷層向海外延伸40公里，但這僅是「調查範圍內已知」的部分，除了山腳斷層以外，還有海底山崩，與海底火山的威脅，李昭興直言，20、30年前蓋的核電廠根本不知台灣的地質狀況。他比對日本、印尼、智利等地的海嘯、地震災難，強調如果台灣堅持續建核四，恐怕會有同樣的災難。幾乎所有核電廠「地質調查都只作一半」，也就是海域的調查付之闕如。近年新發現的山腳斷層，雖然距離核四有20公里，但在東南邊沖繩海槽尾端，關山島附近有為數眾多的火山，是否會引發海嘯，威脅到核四廠，著實難料。2004年印尼大海嘯曾造成巨大的死傷，九二一大地震所釋放的能量只有它的五百分之一，一旦面臨核災，將影響30％的國土，等同新竹以北就要成為焦土。在這範圍內，居住著800多萬的人口。

核電廠建於首都圈，災害逃難疏散不易

英國的*Nature*雜誌曾在2011年指出，以人口密集度的角度

來看，全球最危險的三座核電廠，台灣就占了核一、核二兩座。比照日本福島核災與前蘇聯車諾比核災，日本政府的疏散範圍為半徑20公里，這個區域內禁止任何人逗留，並要求半徑30公里的居民自行撤離，前蘇聯政府則把爆炸反應爐周圍35公里範圍畫為隔離區，撤走所有的居民，用鐵絲網圍了起來，入口更設檢查站，防止人員誤闖。歐美各國對核災要求的疏散半徑更高達80公里。核一廠與核二廠位於山腳斷層之上磐，一旦該斷層活動引發強烈地震即可能危及這兩座核電廠。加上大台北地區人口密集卻幅員狹小，如果發生輻射外洩，方圓30公里內的居民得要全部疏散，而這範圍內包含了基隆市、台北市及新北市的東半部地區，幾乎整個台北市、新北市逾600萬人須淨空。若真發生核災，請問：600萬人要移往何處？

　　台灣大學大氣科學系教授徐光蓉更針對核四廠，直指其距台北市區也僅約30多公里，一旦發生核災，整個首都圈皆屬於撤離範圍。若依照歐美國家撤離80公里的標準，包括新竹以北、花蓮、宜蘭等地區民眾都須撤離，屆時近一千萬人得遠離家園。況且事實上核能災害發生時影響不止於數十公里範圍民眾，甚至可能是上百公里，或是透過風、海洋、食物影響到更遠的縣市甚至其他國家。台灣核二、核一廠周圍民眾密度分居全球第二與第三高，而且鄰近首都台北市，對居民的生活品質與國家產業發展的威脅絕對不可小覷。

台灣核電廠地理位置

核一廠
位於新北市石門區乾華里，距離台北市直線距離約28公里。

核二廠
位於新北市萬里區野柳里，距離台北市直線距離約22公里。

核三廠
位於屏東縣恆春鎮南灣里，距離恆春市區直線距離僅約6公里。

核四廠
位於新北市貢寮區龍門里，離貢寮市區僅500公尺。

反核理由 6

午夜夢迴都要怕核災！

一旦發生如三哩島、車諾比、福島的核災，台灣將瞬間成為荒島鬼城，我們承擔得起嗎？

　　核能發電廠的設立最讓人膽顫心驚的緣由是「萬一」發生核災，後果將無法收拾，日本三一一核災便重新喚醒人們，核災的風險在這個公共建設議題的重要性。而除了福島核災之外，國際上曾發生過的巨大核災變有美國賓州的三哩島事故以及前蘇聯烏克蘭的車諾比事故。

　　我們必須了解到，核能發電與其他發電形式最大的不同點在於，一旦其他發電形式關閉，熱就立即停止產生，核能電廠鈾的連鎖反應可以立即停止，但反應爐中不穩定產物仍持續分裂釋放大量的熱。上述三個發生核災的核電廠，雖然都在發現事故後立刻停機，但「熱沒辦法停」，以致發生爐心熔毀、輻射外洩事件。

　　這一場場核能災變，是人類歷史上慘痛的悲劇，經歷災變的人們，在核災過後數十年，依然必須承擔著病痛的折磨、身

家財產的喪盡、後代健康的疑惑、外界眼光的鄙夷等「難以承受之重」。核能災害的預防，不可能僅靠單純的實驗與演習；核能事故的到來，往往參雜著無法預期的天災因素以及人為疏忽，永遠超乎人類的預料與想像。了解他國的經驗與應變方式，是討論我國是否繼續仰賴核能發電的重要課題之一，也唯有如此，才可能評估，核能究竟是不是我國「玩得起的一場遊戲」？

1979年發生的美國賓州三哩島核電廠事故

1979年3月28日凌晨4點，美國賓州薩士奎亞納河（Susquehanna）中間的三哩島（Three-Miles Island），壓水反應爐核電廠二號機，發生美國歷史上最嚴重的核電廠意外事故。這一事件震驚了全世界。核能工業的安全與發展也因而引起大規模的討論。這次的事故造成核反應爐洩漏放射性物質，雖未立即造成廠外人員傷亡，但迫使14萬人緊急疏散。這是核能史上第一次反應器爐心熔毀事故，造成直接經濟損失高達10億美元。

事件起因於三哩島核電廠二號反應爐主給水泵停轉，輔助給水泵按照預設的程序啟動，但是由於輔助迴路中的隔離閥門，在之前的例行檢修中沒有按規定打開，導致輔助迴路沒有正常啟動。工作人員只好洩壓灌入冷卻水來帶走爐心熱量，但是事後卻忘了將釋壓閥關閉，冷卻水大量流失，使反應爐水位降低，冷卻系統失效，導致爐心的熱無法有效移除，反應爐已損壞至不可修補的地步，而使反應爐心燃料熔毀將近一半。當

時系統發出了放射性物質外漏的警報，但由於警報響起時並未引起操作人員的注意，甚至現時的紀錄報告都指出沒有人注意到警報。一連串的機械與人為操作失誤，造成這起美國史上最嚴重的核安事故。

工作人員的操作錯誤和機械故障是這次事故的主要原因，因此核電廠作業人員的培訓、面對緊急事件的處理能力、控制系統的人性化設計等細節對核電廠的安全有著重要影響。

這次的事件常常被各國核電當局描述成沒有任何人受到輻射傷害，事實上輻射引發的白血病至少需要2年後才會發病，而其他癌症更需要至少5年以上才會發病。在美國1997年一月份的《環境健康透視雜誌》（*Environmental Health Perspective*）報導，北卡州一個流行病學研究小組，重新分析1979年以來三哩島周圍16公里居民各種癌症的變化，他們比較1975～1979年（事件發生前）和1979年以後（事件發生後）的各種癌症，結果發現，三哩島周圍居民肺癌、白血病及總體癌症發生率，均隨著所受到的輻射劑量之增加而增加。

1986年前蘇聯發生的車諾比核電廠事故

1986年4月26日前蘇聯附屬國烏克蘭境內發生的車諾比核電廠事故，是日本福島核電廠事故發生以前，歷史上唯一一場INES等級達到7級的核能事故，國際普遍認為是歷史上最嚴重的核電廠事故。

這一件事故發生起因眾說紛紜，一說是由於核電廠操作員的疏失，另一說則認為事故是由於反應爐的設計缺陷所導致。

在事故發生前，這座核電廠的該機組正計畫停爐檢修，以進行一項試驗。為了進行實驗，於是安全開關全部被暫停，導致功率劇增超過標準，核分裂反應過度激烈，產生核爆，致使反應爐毀壞，因而發生爆炸事故及嚴重的放射性物質洩漏，釋放出的輻射線劑量是投在廣島原子彈的400倍以上，烏克蘭、白俄羅斯及俄羅斯境內均遭到嚴重的核污染，當時台灣也在車諾比核能廠爆炸後的第3天即測到輻射，鄰近的歐洲所受到的污染更不待言，相當嚴重。

這一次的事故導致31人當場死亡，上萬人由於放射性物質遠期影響而送命或重病，至今仍有被放射線影響而導致畸形胎兒的出生。這是有史以來最嚴重的核事故。外洩的輻射塵隨著大氣飄散到前蘇聯的西部地區、東歐地區以及北歐的斯堪地維亞半島。烏克蘭、白俄羅斯、俄羅斯所受到的污染最為嚴重，由於風向的關係，據估計約有60％的放射性物質落在白俄羅斯的土地，造成大量民眾遷居與大面積的土地污染。

根據蘇聯一位當地的醫生Yuri Schcherb在1996年4月《科學的美國人》雜誌撰文指出，車諾比事件波及地區超過35,000平方公里（幾乎等於整個台灣，全島面積僅有36,000平方公里），受影響的居民有260萬人，其中包含70萬個兒童。有超過16萬人被迫離開家鄉，鄰近30公里內均不得居住。為了清除輻射污染，當局動用了40萬人，其中有3萬人生病，5千人無法繼續工作。而該地區的罹患甲狀腺癌的人口，在事件發生之後增加了10倍。據估計因此事件罹患癌症的總人數已高達10萬人，而神經與心理方面的疾病也增加了10～15倍。

此事故引起大眾對於前蘇聯的核電廠安全性的關注，甚至間接導致了蘇聯的瓦解。蘇聯瓦解後獨立的國家包括俄羅斯、白俄羅斯及烏克蘭等每年仍然投入相當多的經費與人力，致力於災難的善後以及居民健康維護。因事故而直接或間接死亡的人數難以估算，且事故後的長期影響到目前為止仍是個未知數。

這一次的事故，加上1980年代全球電力產能過剩、經濟不景氣、油價相對穩定等種種因素，使核電發展陷入空前低潮。車諾比事件發生，原本是檢討核能科技的契機，但西方核能業者發展出了一套論述，他們將車諾比電廠這次發生的事故「他者化」，宣稱那是共產蘇聯的落伍設計，西方核電廠則完全不同，因此仍繼續揮舞著「安全核能」的大纛，向發展中國家強力推銷核電設備。

2011年的日本福島第一核電廠事故

福島第一核電廠座落於日本福島縣雙葉郡大熊町及雙葉町，為東京電力公司的第一座核能發電廠。共設有六座機組，總發電量為4.7吉瓦（GWe），是全世界25個發電量最大的發電廠之一。這座核電廠建於1960年代，於1971年廠內各反應爐陸續投入商轉。事實上福島第一核電廠在2011年發生事故前便已大小意外不斷，且東京電力公司刻意隱瞞，早已可見其面對嚴肅的核問題之心態，在這樣的人為環境之下，核能災害的發生與否，似乎只是運氣之神是否眷顧，早就無法在人類的掌控之中了。

2011年以前福島第一核電廠發生意外一覽表

日　期	意　外　事　故
1976年4月2日	區域內發生火災，但東京電力公司沒有對外公開。然而內部有人向電視台告發，才讓外界得知。被舉報後一個月，東電才承認了這一事故。
1978年11月2日	三號機發生日本首次的臨界事故，不過該事故直到2007年3月22日才被媒體披露。
1990年9月9日	三號機發生國際核事件分級表中的第二級事故。因主蒸汽隔離閥停止針損壞，反應爐壓力上升，引發「中子束過量」訊號，導致系統自動停止。
1998年2月22日	四號機於定期檢驗中，137根控制棒中的34根在50分鐘間全部被拔出25分之1，造成一相當大的缺口。
2000年7月24日	二號反應器因漏油而被迫停止運轉事件，經東電詳細檢查後，確認是渦輪閥附近的管線有細微裂縫所致，漏出的油量超過300公升。
2006年	六號機組發生放射性物質洩漏事故。
2007年	東京電力公司承認，從1977年起在對下屬3家核電廠總計199次定期檢查中，曾竄改資料，隱瞞安全隱患。其中，福島第一核電廠一號機組反應堆主蒸汽管流量計測得的資料曾在1979年至1998年間先後28次被竄改。

　　然而2011年3月11日下午，在日本東北海岸發生芮氏規模9.0級的大地震，這次地震連帶引發了周遭海域產生高達10公

尺以上的海嘯，重創了岩手、宮城、福島等縣市，致使福島第一核電廠發生嚴重的事故，引發核能輻射危機。在事故發生當天一、二、三號機組正常運作，四、五、六三個機組則處於停機檢測狀態。地震發生後，雖然一、二、三號機組進入停機模式，但是地震對核電廠的供電系統造成大規模破壞，導致外部電源全部喪失。雖然對於這個狀況，核電廠備有緊急柴油發電機，向反應爐補水進行冷卻作業。但由於隨後的海嘯襲擊，造成柴油機組功能喪失，電廠頓時失去全部的交流電源，使反應爐無法排出餘熱，爐心冷卻水位下降，導致燃料棒露出水面，暴露在空氣中，因此產生化學反應，旋即引發氫爆，造成放射性物質外洩釋出到大氣層中。

核電廠方圓20公里內的居民被迫疏散，現至少30幾萬人為躲輻射而有家歸不得，日本經濟研究中心估計福島核災的復原成本高達2,500億美金，約台灣總GDP的60％。

而這起核災造成福島核一廠內，有5名搶救的核電廠員工因心肌梗塞喪生；有位輻射污水庫人員因白血病而死亡；另有2人在搶救前就死亡。對此東電卻表示「死因無法公開」。而這次核災對一般附近居民的傷害也開始出現，福島兒童除有罹患白血病外，福島醫大團隊檢查的3萬8千人中，有43％甲狀腺出現異狀；複檢結果發現至少10人罹患癌症，未經檢查出的罹癌者更是無法統計。連擁核首相安倍晉三也承認至今福島核災還是現在進行式。

對於這次的福島核災，卻有台灣的媒體名嘴在電視上說「福島核災沒死人、沒人染病」，甚至有原能會官員據此引用

表示：「福島核災連一個人也沒死」，台電也登廣告宣傳「福島核災一個人也沒死」，來宣傳輻射無害，心態實為可議。核四安全與否，非關核四壯偉的建設外觀。從上述三件歷史事故中，我們能夠了解，除了機具本身問題，人為因素正是最無法控制的災變原因，所以對核安而言，重要的是經營管理者，也就是台電的文化，他們有沒有能力及意願，透過他山之石，自我檢討檢查工程的安全性。台灣核一、核二、核三廠已運作二十餘載，雖不曾發生重大災害，但各項事故頻傳，雖然意外總是幾千萬分之一的巧合所造成，但台灣與日本的地理環境雷同，對照台電過往處理核一、二、三廠的態度，與東電處理福島核電廠的態度又何其相似，福島核電廠的抗震係數甚至高於台灣現有的每一個核電廠，這是否隱約透漏出台灣的核電安全，在閻王爺的紀錄本裡已記上一筆，不是不「爆」，只是時候未到。台灣人已經歷過九二一大地震這場世紀災難，造成台灣整體國力元氣大傷。核能災變的嚴重性更是百倍於九二一大地震之損害，一旦發生，台灣百年內將難以回復。縱然發生機會極低，但我們願意冒這麼可怕的風險嗎？

 核能小辭典

❯INES：國際核能事件分級表 （International Nuclear Event Scale），根據核電廠事故對安全的影響作為分類，使傳媒和公眾更易了解。INES由國際原子能機構（IAEA）和經濟合作與發展組織（OECD）的核能機構（NEA）所

設計。INES等級採用對數（log）進行分級，每一等級的嚴重程度相差10倍，與用於判斷地震震級的芮氏震級類似。級別數字愈高，核安嚴重程度愈高：0～3級分類為事件（Incident），3～7級分類為事故（Accident）。

INES國際核能事故等級分類

分級	安全影響	廠外衝擊程度	廠內衝擊程度	著名事件
7 最嚴重意外事故	特大	極大量放射性物質外釋：造成廣泛性民眾健康及環境之影響		1. 1986年4月車諾比核電廠事故（蘇聯烏克蘭） 2. 2011年3月福島第一核電廠事故（日本福島縣）
6 嚴重意外事故	重大	發生顯著放射性物質外釋：造成須全面施行區域性緊急計畫		1. 1957年9月蘇聯克什特姆（Kyshtym）核廢料爆炸事故（蘇聯車里雅賓斯克州）

5 廠外意外事故	具有場外風險	有限度之放射性物質外釋：造成須部分施行區域性緊急計畫	嚴重之核心或放射性屏蔽毀損	1. 1957年溫斯喬火災（英國） 2. 1987年戈亞尼亞醫療輻射事故（巴西戈亞斯） 3. 1979年3月三哩島核事故（美國賓州）
4 廠區意外事故	場外無顯著風險	輕微放射性物質外釋：造成民眾輻射曝露達規定限值程度	局部性核心或放射性屏蔽毀損之狀態或工作人員接受致命性曝露	1. 1969年聖羅倫（Saint-Laurent）核電廠事故（法國） 2. 1999年9月東海村JCO核燃料廠事故（日本茨城縣）
3 嚴重事件	嚴重	極小量之放射性物質外釋：民眾輻射曝露尚未達規定限值之程度	發生嚴重污染或工作人員超曝露導致急性健康效應	1. 1955年至1979年塞拉菲爾德核電廠事件（英國） 2. 2011年3月福島第二核電廠：第一、二、四號機組（日本福島縣）

2 偶發事件	注意		發生重大污染或工作人員超量曝露	1. 哈希核電廠事件（卡達） 2. 1999志賀核電廠事件（日本）
1 異常警示	異常		發生功能上之偏差	1. 2009年葛雷夫蘭核電廠事件（法國諾爾省） 2. 2010年10月大亞灣核電廠事件（中華人民共和國廣東省）
0 未達級數	無安全顧慮			1. 2008年科斯克核電廠事件（斯洛維尼亞）

核電其實很骯髒

核電廠破壞在地文化、污染自然環境，是最骯髒的能源。

　　國人必須了解，除了擁核人士所宣稱發生機率「極低」的災難之外，核電廠的存在，本身即為一重大污染源，隨著日本福島地區核能輻射外洩的放射性物質進入大自然食物鏈，逐漸入侵人類的生活之中，即使對於居住在尚未發生核災的台灣這塊土地上的人們，健康生活也受到實質上的影響，而這整個大自然生態的改變，對於後代的影響更是難以估計。並非如台電與部分既得利益者片面所言，是最環保的發電方式。反觀台電當局在「核四必須興建」的政策前提之下，無視地方發展與核四可能造成的污染，以瞞天大謊掩飾這些確實對區域、生態、環境造成的負面影響，企圖「以化妝品塗抹創傷」，殊不知這樣的行為是欺人欺己的愚蠢謬行，只會讓已造成的傷口更加腐爛。就讓我們來看看，核四廠對我們所居住的這塊土地，會造成如何不可彌補的傷害。

台電為了興建核四園區不惜破壞歷史文化遺跡

核四廠區後山基地古稱「番仔山」，被凱達格蘭族人視為史前的文化聖山。鄰近地區發現至少13處遺址及出土文物，是廣義的十三行文化，距今約四千五百年，附近的卯澳漁村還有極待保存的石頭屋。

1994年，核四廠區被發現有貝塚、風洞、陶土、水池、古墳等凱達格蘭族的古文化遺址，凱達格蘭族人開始自組協會，年年上山掃墓，甚至在核四廠區主反應爐後山坡上，存有三紹社頭目之墓，為全民珍貴的文化資產。然核四的興建，政府在開路、建設核電廠時並未考量保留文化資產，許多珍貴文化遺產已遭受開發破壞，也造成凱達格蘭後裔祭祖活動為之中斷數年之久。台電為了興建核四，甚至委託學者研究作出古墳「不值得保留」結論，但古墳的墓碑造型，事實上正與凱達格蘭族的高階貴族所戴帽徽一樣，南島語系新石器時代的古墳也屬同樣造型，學者推測至少上千年歷史。中研院歷史語言研究所劉益昌研究員更推測：「核四所在地有距今三千五百年至四千五百年的新石器時代遺址，建議應訂為古蹟。」

近年來在原當地族民的激烈反應之下，核四廠不得不開啟大門，使得原本為了核安，門禁應當森嚴的核四廠區，上演出原住民族進出祭祖的戲碼。對此凱達格蘭文史工作室負責人、凱達格蘭族後裔林勝義要求核四不但要停建，且應改成「文化生態園區」，並回復原來風貌。

戒嚴時期核定的核四廠，沒有公正的環境評估作業

在戒嚴時期所核定的公共工程建設，一直以來都有「黑箱作業」的疑雲，在環境評估作業上，更是為人所詬病。況且當時所評估的建廠標準，至今已逾二十載，許多廠內設計與規劃也已與當初設計不相符。核四當地的鹽寮反核自救會曾依《環評法施行細則》第38條所載：計畫產能、規模擴增或路線延伸10％以上者，應重做環評。因台電將原有的核四機組自行變更增加瓦數，要求重做環評。甚至核四在當年設廠時提出的《變更地目案計畫書》並未包含排水口用地，事後才於1994年，提出申請將公園綠地變更為核四廠排水口用地，台電所申請的土地變更案已與原先的環境影響評估中的土地面積有所不同，足以證明當年的環評資料與事實不符。這顯示原能會在審查時環評報告異常草率、包庇。試問：若沒有出水口用地，核四廠如何排放廢熱水？又如何能夠運轉？

而上述的凱達格蘭族遺址，依《文化資產保存法》第18、33、34及35條規定不得變更用地，理應停止工程之進行以保存古蹟。但舊環評卻故意遺漏此項重大發現而未將此列入。環評過程更被查出，所謂原委會宣稱長達十七個月、開會七十多次的審查過程，真正與審查直接相關的會議卻只有十三次，其餘的會議並無直接相關，有灌水之嫌。

核四廠周遭海域環境評估也非常草率。根據台大動物所鄭明修博士所做「東北角海岸風景特定區自然生態資源調查與監

測」指出：此區域三年來共紀錄到珊瑚類182種、甲殼類168種、軟體動物318種、棘皮動物57種、60種大型藻類、290種以上的貝類、100種以上的海綿、水母、多毛類及海鞘等海濱生物，這些都是台灣人民共有的自然資產。但是台電並未對核四海域進行認真調查，就作成資料不全、調查不清的環評報告，並聲稱「僅在排放口附近造成小區域之溫度上升現象，漁相改變是局部且小範圍的。」東北角風景區管理處處長林芳明也表示，將來核四運轉後的溫排水產生溫升效果，在原委會環保監督委員會提出數據無法令人信服下，對海域自然生態影響的疑慮勢必無法消除，屆時發生生態突變，將是無法挽救的遺憾。

事實上核四廠距離水源保護區不到200公尺，且逾百公尺高的核四煙囪，將會排放廢氣造成空氣污染，台電如何確保水源與空氣均不受影響？由上可知，環評存在許多瑕疵與疏失，甚至有明顯違法之處，如此草率通過的環評，將使得東北角的海洋生態破壞殆盡，波及周遭海域生物的生存權，出現資源無法永續的危機，如此一來更是截斷靠海維生的貢寮人最大的生計。

核電廠不是解決溫室效應問題的萬靈丹

1992年6月的地球高峰會議曾經簽訂氣候綱要公約，呼籲各國抑制溫室氣體的排放。2005年《京都議定書》（*Kyoto Protocol*）生效後，更宣告「低碳時代」來臨，該協議要求工業國家在2012年時，溫室效應氣體排放總量必須比1990年減少5.2%。未遵守規範的國家，即使非簽約國，也可能受到貿易制

裁。因此世界各國為因應國際間對於減少溫室氣體排放量，於是大量採用核能發電。2012年12月8日，卡達召開的第18屆聯合國氣候變化大會上，本應於2012年到期的《京都議定書》被同意延長至2020年。隨著「後京都議定書時代」的到來，各國對於溫室氣體排放減量的壓力愈形增加，也似乎間接迫使各國政府在核能與高碳排放的天平上選邊站，但事實上，減核並不意味著必須對環境造成更大的污染；要減少碳排放也不可能靠核電就一蹴可幾，這必須全球的民眾對能源利用有通盤的了解並身體力行節約使用，才是真正的治本之道。

　　確實人類在從事文明世界的經濟活動時大量消耗煤碳、石油等化石燃料，除了產生硫氧化物、氮氧化物等污染物外，產生的大量二氧化碳等溫室氣體在大氣中大量累積，吸收地表放射出去的紅外線，使得地表溫度逐漸上升，產生「溫室效應」，進而造成洪水、旱災、颱風、海平面上升等嚴重危害人類及其他生物生存的後果。但是想用增加核能發電以減少二氧化碳排放，無異於「引鴆止渴」。目前全球二氧化碳的排放量除了發電之外，事實上絕大部分來自產業和交通運輸。核能發電本身雖較火力發電的二氧化碳排放量少，但從鈾燃料的開採、提煉和運送，核能電廠的興建和運轉，到核廢料的處理和處置，整體排放量也相當多；發電前期的碳足跡❷占核電「整個生命週期」會隨著高含量的鈾礦枯竭，我們將要開採低含量鈾礦，屆時發展核電的碳足跡勢將大幅提升。而且，鈾原料的貯藏量遠少於化石燃料，如果大量使用於核電，很快就會用完，所以核電根本無法解決溫室效應問題。

而台電常說，蓋核電廠是為了解決溫室效應，這個看法其實是在誤導民眾。溫室氣體並非只有二氧化碳而已，還有氟氯碳烷、甲烷、氧化亞氮等。台灣目前還在使用氟氯碳烷，而氟氯碳烷的溫室效應強度又是二氧化碳的數千倍。因此台灣要控制溫室效應，應該從這些造成溫室效應更劇烈的氣體管制著手，搭配對產業轉型政策與排放限制，改善並推廣交通運輸模式，才是真正的治本之道。更何況建核電廠之前的鈾礦開採、提煉與濃縮等都必須使用能源，除役拆廠及掩埋其廢料也須大量使用鋼與水泥等資源，而製造鋼及水泥正是產生二氧化碳的主因呢！

由此可見解決溫室效應最根本的方法，一方面要管制各種溫室氣體的排放，一方面要全面推動產電及用電之能源效率，並發展再生能源如風力及太陽能，絕對不是去蓋核電廠。而要減少二氧化碳排放，應就發電、產業和交通等部門通盤考量，從提升能源效率、節約能源、使用乾淨的低碳替代能源（如天然氣和再生能源）等方面著手。以核電解決溫室效應的說法，

---

❷碳足跡（Carbon Footprint）可被定義為與一項活動或產品的整個生命週期過程所直接與間接產生的二氧化碳排放量。相較於一般大家了解的溫室氣體排放量，碳足跡的差異之處在於其是從消費者端出發，破除所謂「有煙囪才有污染」的觀念。企業及產業溫室氣體的排放，一般是指製造部分相關的排放，但碳足跡排放尚須包含產品原物料的開採與製造、產品本身的製造與組裝，一直到產品使用時產生的排放、產品廢棄或回收時所產生的排放量。故上述之範圍包含了整個產品的生命週期。目前世界各國政府與企業愈來愈重視碳足跡的概念，已廣泛成為衡量溫室氣體排放的標準。

是核電利益集團推銷核電的藉口，不只無效，並且會對子孫帶來更大的禍害，實為誤導人民的謬論。

核能發電造成的熱污染破壞海域生態

熱污染是指人類活動造成水溫的不正常上升所帶來的環境污染，屬於能量性的污染，熱污染大部分係由人類活動所排放廢氣或廢水中，所含的廢熱所造成。根據被污染的環境介質，熱污染可分為大氣及水體環境的熱污染。

核能發電的原理和水力、火力發電廠有同樣的共通點，皆透過動能轉動渦輪機（turbine），再將此運動能轉變為電能，唯一的不同是「推動渦輪機的動力來源」：水力發電廠以大量的急速流動的水（如水壩及瀑布等）直接推動渦輪機；而核能發電廠與火力發電廠則利用大量高溫、高壓的水蒸氣推動渦輪機，火力電廠靠燃燒煤炭、石油或天然氣等產生蒸汽，而核能發電廠則是以核分裂所釋放出來的能量，使渦輪機轉動，帶動發電機切割磁場，將機械能轉變為電能。簡單來說，核分裂時會產生熱能，遇水產生蒸氣，藉以推動發電機，產生電力。在這整個過程中需大量用水，部分用水通過發電機扇的蒸氣排出，而未蒸發的水則排出。台灣四面環海，因此台灣的核能電廠都是建在海濱，利用海水冷卻，使用過後的海水水溫提高，又被排回海洋。換言之，核電廠發電就像是一座「海水加溫器」。

不論是蒸汽或者是未蒸發的水溫度都十分地高，排出口附近溫度會劇烈上升，人類是恆溫動物，對於外界溫度變化有良

好的適應能力；然而生活在水中的生物絕大多數屬於變溫動物，對於水溫的改變非常敏感，忍受熱污染的能力極為有限。魚類之所以不斷地迴游，一方面是為了覓食，另一方面也是為了尋求適溫的環境。因此核電廠周遭的生物無法適應如此驟變的溫度，會死亡或產生突變，長期下來對整個出海口及海洋的食物鏈會有所影響，進而造成整個生態環境的變遷。任教於台灣大學海洋研究所的范光龍教授針對提高水溫對魚類的影響有三點說明：

一、加快魚類的新陳代謝率：

水溫每增加10℃，魚類等好氧性水生生物的新陳代謝率就加倍上升，舉例來說，23℃時新陳代謝率為13℃時的二倍，33℃時則增為四倍。熱污染排入水體環境，將使水溫升高，造成水中的飽和溶解氧量減少，但動物卻因新陳代謝加快而需要更多的氧，此時若水中氧氣不足，於是便很容易死亡。對於其他生物而言，體內酶的功能會受影響，新陳代謝功能也會因此發生問題。

二、使魚類停止繁殖：

魚類都是在一小範圍的適溫環境產卵，水溫增高，魚類的排卵數就會減少，有時甚至無法排卵。而且水溫增高也會影響卵的正常發育。水溫的提高，會縮短魚卵的孵化期，太早孵出的小魚比較不健康。因此水溫提高到某一限度，雖然沒使成魚立刻死亡，但可能間接使某些魚類絕跡。

三、破壞海洋食物鏈：

如果熱污染的結果造成其中一類生物的死亡，也可能使得

以其為食的生物死亡，因此這個生態系統就可能因此而受到破壞。海中的魚類尚有移動的能力，熱污染對附著在海底的生物如珊瑚等，更是造成重大的生命威脅。以墾丁南灣一帶而言，已發現的珊瑚共有179種之多，而這些珊瑚在35℃的海水中便會死亡；如在31℃～33℃的水溫中，時間稍長，珊瑚便會白化，甚至死亡。

　　范光龍教授觀察，核三廠有兩部發電機。第一部於1984年開始運轉，冷卻系統排出的溫水水量不大，對排水口附近的珊瑚並無太大影響。1987年初，兩部機組開始穩定地同時發電。同年7月，部分排水口附近淺處珊瑚白化了。到了冬天，白化的珊瑚有些又重獲生機，但到了隔年夏天，珊瑚又白化了，而且面積有擴大的趨勢，可見核電廠所產生的熱污染對周遭生物的影響，絕非空穴來風。

核能發電造成毒性污染物質排放

　　台大海洋所的楊肇岳教授曾提道：1993年7月31日金山鄉民范正堂於台電核能二廠排水口發現大量「祕雕魚」。這些魚的脊柱成上下左右雙S型彎曲，有些還眼睛外凸，舉世罕見。而祕雕魚分布僅限核二廠出水口一帶，明顯是因為核二廠的環境因子所造成。在此之前，已有過發現魚屍橫遍萬里沙灘的紀錄。

　　台電當局一直聲稱核能是最乾淨與環保的能源來源，但事實上，台電核二廠或因大修、保養或因意外事故，以及例行添加化學品以「淨化水質」，去除排水管上的附著生物，均會造成毒性污染物質的排放，因而污染了出水口附近的海域，這些

高毒性污染物質包括：放射性核種（如鈷-60）、重金屬（如鋅等）、有機錫、有機溶劑（碳氫化合物、碳氫氯化物）、有機合成化合物（PCB）及界面活性劑等，不但使出水口附近海水呈黃色，還帶揮發性有機溶劑的刺鼻惡臭。由於魚類具有生物累積與放大能力，會把海域中的毒物，濃縮於魚體內而造成畸型！祕雕魚體內就被化驗出含不尋常高量的鐳-226、鉀-40等輻射與重金屬物質。對此祕雕魚事件在整個進展過程中，台電還一直說沒問題，公然說謊。而原能會官員甚至在電視公開聲稱祕雕魚可吃，對環境污染處理的心態已是司馬昭之心了。

從發電的原料來源來看，核電更是污染之重。開採鈾礦會破壞自然環境，礦渣和廢水含有像鉛之類的重金屬等與其他化學污染物，更帶有放射性污染物，這樣地劇毒物質會污染水源、土壤。此外，核燃料加工和再處理的過程中，需大量使用高毒性的化學物如氟化氫、濃硝酸等，會產生大量化學廢物，也造成附近居民罹癌個案的增加。

身在「輻」中不知「輻」

核電即使沒發生核災，平時也會放出微量的輻射線，歐美各國已有研究顯示，核電廠附近的婦女罹患乳癌，或兒童罹患血癌的機率要高出其他地區數倍以上。而且土地受輻射污染就不能再居住，農地不能再耕種，在寸土寸金的台灣，這代表著核四會帶來天文數字的損失與生存空間的濃縮。

除此之外，長年以來台電和原能會沒有好好處理核廢料，甚至容許高濃度輻射污染的鋼筋、冷凝銅管、長期被曝器材等

轉賣以及任意亂埋，而導致整個台灣嚴重的輻射污染，至今沒解決。例如1992年爆出的民生別墅輻射屋事件，這件事原能會1985年3月就發現了，但卻未告知住戶隱匿了七年，直至《自由時報》記者測量才將事件公開。許多居民與幼童因此被曝多年，而其中已有孩童因此罹患血癌而死亡。

　　而存放低放射性核廢料的蘭嶼更是置居民健康於不顧。台灣輻射安全促進會理事長、台北醫學大學公衛系教授張武修曾接受採訪表示：「1999年以來，就已在蘭嶼農田測出銫-137，顯示輻射可能外洩。」若堅持繼續蓋核四廠，甚至讓它商轉，我們如何保證這些過去曾發生的悲劇在未來不會一而再、再而三地上演。

核電廠遺下核廢料內所含之放射性同位素及半衰期如下：

元素符號	中文名	半衰期（年）
Cs-137	銫-137	30
Sr-90	鍶-90	30
Tc-99	鎝-99	221,100
Am-241	鋂-241	432
C-14	碳-14	5,730
Pu-239	鈽-239	24,110
Np-237	錼-237	2,140,000

核廢料是永續的污染

　　除了上述三項問題外，核能發電所產生的廢棄物（俗稱核

廢料），可說是最棘手的問題。核廢料之所以棘手，在於其對環境與生物的污染性極強，而且影響時間極長，甚至可達上萬年之久。核廢料未經最終處置，如果因設計或操作失當，而洩漏至環境，即有可能經過食物鏈等生態作用，而造成危害。國際原子能機構計算，全球每年所產生的高放射性核廢料至少高達5萬桶，暴露於其輻射下數分鐘便足以致命。有些高放射性核廢料甚至需要數十萬年才會減弱至安全的放射水平以下。

國際原子能總署（IAEA）將放射性廢棄物依照含放射性活度濃度之高低區分為豁免廢棄物（Exempt Waste, EW）、中低放射性廢棄物（Low and Intermediate Level Waste, LILW）及高放射性廢棄物（High Level Waste, HLW）三類。但其分類僅具建議性質，各國仍可自行建立其自有分類系統，例如台灣便將放射性廢棄物依其來源區分為高放射性廢棄物及低放射性廢棄物。依據《放射性物料管理法施行細則》分為：

一、高放射性廢棄物：

指備供最終處置之用過的核子燃料或其經再處理所產生之萃取殘餘物。

二、低放射性廢棄物：

指前款以外之放射性廢棄物。

高放射性廢料，即使用過的核燃料棒（俗稱「用過燃料」或「乏燃料」），或是其經再處理後所產生的廢料。台灣並未採用再處理技術，因此高強度核廢料在棄置時必須考慮相當長時間的穩定性。

低放射性廢料的最常見的來源包括：核能電廠在維護、除

污作業，或運轉過程中所產生受放射性物質污染的廢樹脂、濃縮液、衣物、手套、工具及廢棄的零組件、設備，或是淨化水系統所產生的殘渣。這些項目又可粗分為溼性廢料與乾性廢料。廢樹脂、廢液濃縮液及淨化水系統所產生的過濾殘渣等屬於溼性廢料；而乾性廢料則包括污染泥土、保溫材、爐灰、水泥塊及廢金屬等。乾性廢料又大致可以分為可燃性廢料及非燃性廢料兩類。

處理低階核廢料方式

　　台電對核廢料的處理與最終處置，迄今仍無可行方案。對低放射性核廢料的處理方式，台電是先以減容和水泥或柏油固化處理，再以鋼桶密封，短暫貯存於核電廠，再送往蘭嶼貯存，最終擬以淺地掩埋於岩盤的方式隔離處置。但境內處置場尚無著落，目前中、低強度核廢料因蘭嶼貯存場已滿，只能堆積於核電廠的「臨時」地上貯放設施中。

　　台灣地狹人稠，以核能發電產生的核廢料，始終是個令人頭痛的難題。而蘭嶼貯存場的設立，是基於早年核廢料可以投海的時空背景下，政府當局希望在台灣的東南海域找到深達5千公尺的穩定海溝。作為海洋處置的緩衝貯存場所，蘭嶼貯存場在當時的政策只是暫時性貯放場所。然而隨著科學研究發現對於海投所造成的污染仍無法確知，1983年開始《防止傾倒廢棄物及其他物質污染海洋公約》（*Convention on the Prevention of Marine Pollution by Dumping of Wastes and Other Matter, the London Convention*），即《倫敦公約》。要求各國暫停放射性

廢棄物之海投，並且在1993年正式通過修正案明定禁止海投放射性廢棄物。致使蘭嶼貯存場內的低放射性核廢料已滿溢，無處可容。目前蘭嶼的核廢料場設有23座壕溝，存放的核廢料約近十萬桶，僅作為單純貯存之用，亦不再接收新進放射性廢棄物。

從自然條件來看，台灣氣候多雨潮溼，蘭嶼核廢料貯存槽防水處理差，會滲漏雨水，有些鋼桶會因銹蝕而破裂，導致核外洩。蘭嶼原住民曾因此數度爆發「反核廢，驅惡靈」抗議行動，強烈要求台電立即遷移，爭議不斷，十多年仍未平息。

台灣除了地質條件找不到核廢料最終掩埋場等自然因素之外，也受限台灣與美方過去相關協定，台灣的核廢無法隨意移到境外，因此核廢料的處理十分棘手，政府對此也著實傷透腦筋。從1980年，原委會、台電在蘭嶼以興建「魚罐頭工廠」為名，興建核廢料貯存場。1982年3月，核一廠拋棄放射性廢棄物於新北石門區垃圾場，導致整個垃圾場受到放射性污染。1984年6月，運送核廢料的船隻與漁船在金山外海相撞，核廢料桶墜入海中，造成海域污染甚鉅。1988年3月，核一廠員工詹如意又揭發台電非法出售放射性污染之冷凝銅管。一直到今天，台電當局仍然在為這個問題傷腦筋，甚至祭出無所不用其極的手段。為了讓金門人接受低放射性核廢料場的設置，在《金門日報》刊出「國外韓國成功的案例」廣告，內文中宣傳韓國在2005年，透過公投選出千年古都慶州為低放射性廢棄物最終處置場，廣告並指出，韓國的公投投票率達七成，其中贊成者達九成，「金門人當然也不能輸」等洗腦性文句，要求鄉親配合

政策，公投支持低放處置場的設置。

　　由於低放射性核廢料至少要監控300年，放眼國際世界上很多核廢料掩埋場都有滲漏、污染地下水或鄰近區域的報告。日本和蘇俄處理核廢料的工廠都曾發生火災、爆炸事故。核廢料成分複雜，仍具活性，不斷進行核反應，放出輻射線、熱能乃至有輻射性的氣體，導致輻射物外洩到生物圈中，破壞大自然。這些林林總總的問題，對於目前仍是核能使用者的台灣人，以及未來的子子孫孫們，都是需要一起面對的艱困挑戰。

低放射性核廢料境外處理？

　　對於低放射性核廢料，台電公司曾於1995年與俄羅斯科技中心（Kurchatov Institute）簽訂合作意願書，同意先進行先導型計畫，俟成功後再洽商運送台電大量低放射性廢棄物至俄處置及其他合作事項，然而礙於外交因素與俄羅斯環保法規，未能施行。在這裡所提到的外交因素事實上就是《台美核子保防協定》這一國際條約。依此我國須獲得美方的同意，才能輸出用過核子燃料至他國進行「技術性貯存」或「再處理」。

　　台電也曾於1997年與北韓政府國際商務機構達成貯存低放射性廢棄物合作處置的約定，預定運送台電公司6萬桶低放射性固化廢棄物（預計由蘭嶼的9萬8千桶中提取4萬桶，另外2萬桶則從目前三座核電廠區中的臨時倉庫中提取。）到北韓現有的低放射性廢棄物最終處置場進行最終處置。這一計畫原本要花費2億6千萬美元（約70億台幣），然而最終原能會未核發輸出許可因而未能實行，不過由此一案例可看出核廢料的處置花費

甚鉅，導致核能不可能是台電所宣稱的「便宜的能源」！即：會計成本可能尚低，但外部成本（隱藏成本、未來成本）則甚高！

處理高階核廢料的方式

以上這麼錯綜複雜的處理過程事實上還不是核廢料的重頭戲，因為雖然低階核廢料的體積龐大，但核電廠內現存的用過核燃料（高階核廢料）的輻射毒性、強度、半衰期，都遠遠超過現在的低階核廢料。現在三座核電廠已有1萬5千根用過的核燃料棒，未來若全部順利除役，核燃料棒預估逾2萬根，任何一根都比現在所有的低階核廢料20萬桶的放射性強度的總和還高。高階核廢料會對人類和生物造成重大傷害，人靠近高階核廢料數秒鐘就會因過高輻射劑量而致命。對於這些真正恐怖的高階核廢料，台電更是毫無應對之策。

目前對高放射性強度核廢料之處理，台電計畫初期放在核電廠內，用過的燃料棒貯存池中，讓其衰變冷卻二十年；中期以乾式貯存五十至一百年；但由於台灣是多雨、地震頻繁的地方，根本無法找到核廢料最終處置的場所。故目前毫無終期處置方案。

就初期的處理方式而言，台灣核燃料池的安全問題早已是備受爭議，2007年底時任台北縣法制局長的陳坤榮與其他單位勘查核二廠，判定超量貯存。而2011年2月，《法國世界報》（*Le Monde*）報導台灣現正運轉的三座核電廠燃料池之貯存量，也已達原先預估容量的4倍，「可導致立即的風險」！

　　而政府一再表示的高階核廢料要「境外處理」，更是自欺欺人。高階核廢料現在有《倫敦條約》以及《巴塞爾條約》規定不得拋棄到海外、海洋或有害廢棄物跨越國境移動等，因此不可能拿到外國丟放。因此這些劇毒高放射性核廢料，將在台灣陪我們以及子孫數十萬年，把台灣這個被譽為「福爾摩沙」的寶島變成毒島，這不是愛護台灣這塊土地的人做得出來的事。

　　看看世界各國的例子，因為地質學家難以確認數萬年不變動的安全地層，核廢料尚無永久處理方式，目前只能暫存。而美國高階核廢料最終處置場原定設在內華達州尤卡山（Yucca Mountain）地區，由於其人口稀少、降雨量很小以及沒有主斷層，因而被選為高階核廢料最終處置場所。但這個計畫仍因不確定是否其地質一萬年不會變動，及位於科羅拉多河集水區的考量下，2011年被歐巴馬總統否決了。事實上世界各國也面臨相同核廢料處理問題：地質是否可永久隔絕？放於洞穴礦坑是否會融解岩石而成為一體？放置前的處理是否可耐高溫高壓及高化學性？是否會滲入到地下水中？是否可防止意外滲漏？身為居住在地震帶的台灣的我們，更是對處理高階核廢料一點兒也沒有辦法，這是台電在向人民推銷核電時，絕口不提的真相。

反核理由 8

反核是全球趨勢！

許多國家都已對核電說不，為什麼台灣不能？

　　台灣在面對核電這項議題時，常面臨擁核者提出「核電有助減碳」為由，來混淆國人的視聽，妨礙台灣邁向非核之路。但環顧世界各國研究均指出廢核和減碳絕對沒有互相衝突。而日本福島第一核電廠和第二核電廠失控的災難，輻射嚴重外洩，已被國際原子能總署列為與前蘇聯車諾比核災事件相同的第七級最高級事故，這次日本核災爆發後，也喚醒了各國已蒙塵的上世紀核災記憶，重掀全球反核浪潮。世界各國在這次核災後，均重新檢討國內的核電政策，並著手研擬廢核或減核的時程及能源方向，包括德國、義大利、比利時、瑞士、立陶宛等國，都展現堅定的廢核決心，訂出了廢核的時間表。

　　儘管核電在國際能源政策的角色日漸式微，台電卻為了正當化核電在台灣發展的必要性，刻意向國人營造的「國際社會仍大力擁核」的幻象。接下來的內容將詳述數個致力於朝向「非核家園」，或公民已對核電有所覺悟的國家，如何一步步

檢討、並翻轉其核電政策。還給台灣正確的國際視野，不再被官方資料困在舊的思維裡，看不見真正的世界趨勢。

美國

美國是全世界最大的核能發電國，其境內共有104部機組。然而美國境內自從1977年以後，就沒有新的興建核電機組營運計畫。事實上早於1972年，美國境內就只有Watts Bar 2這一座核電廠處於興建中的狀態。美國的民間很早就了解到核電廠的問題叢生。1978年，美國南科達州、蒙大拿州、華盛頓州、密蘇里州及佛羅里達州等的州民，都曾以投票方式決定核電廠是否興建與輻射廢料的處置問題。

在1979年賓州三哩島核事故發生後，反核在美國成為社會民意主流。事實上，在三哩島事故未發生前，早於1976年6月8日，美國加州政府就為了決定是否建造核電廠，曾舉行全民投票。該反對興建案一開始民調上獲得過半的支持，但是在核能產業花費重金並請來九個諾貝爾獎得主背書的宣傳下，最後只得到不到三成的支持，沒能通過。雖然如此，該案討論過程引起了大量的關注與討論。其中，三個奇異公司中階核電工程師集體請辭，其良心告白引起社會之震撼。他們一同出席國會聽證會作證，明確指出核電廠的安全保護設施，不足以保護大眾於爐心熔解時的核災，甚至宣布願意投身反核運動。州議會隨即搶在公投一週前緊急立法，規定除非核廢料的貯存有最終安全解決方案並經眾議院過半決議通過，否則就不能通過新建核電廠的許可。

在三哩島事故發生後，美國俄勒岡州州民以公民投票的方式，要求州政府需待聯邦政府有一處理高階輻射廢料的可行計畫後，才准許新核電廠廠址的申請。1979年，美國加州和紐約州政府，為了順應民意反應，下令暫時禁建核電廠，因此全加州從當時的三座核電廠到今天只剩一座仍在運轉，而且已經不再設新的核電廠。1980年9月，美國緬因州也曾以公投要求關閉一個運轉中的核電廠。後來雖然在2002年，美國能源部因工業發展等因素又開倒車，啟動「核電2010計畫」，希望藉由共同承擔財務及法規風險，以興建新設核電廠。又在2005年，通過《能源政策法》，強化能源自主，減少對外國石油的依賴，主張核能是能源自主的重要一環。因此2012年2月與4月，發出自1977年以來第一批新建核電機組的執照，但美國核管處NRC主席反對發給Vogtle核電廠執照，並於法院對此提出訴訟。在2012年3月美國民調顯示：77%的受訪者偏好將聯邦能源擔保貸款由核電移轉至風力與太陽能，可見反核在美國已形成一股不可逆的民意浪潮，不可不予以重視。

法國

在日本發生福島核災前，法國高度仰賴核能發電，自1973年石油危機為高耗油的西方經濟帶來巨大衝擊後，法國為確保其電力自主性，確立了發展核能的施政方針。法國核電的歷史淵源和冷戰的政治對立有關：二次大戰後，法國成為聯合國安理會成員，戴高樂總統為了在美蘇冷戰中殺出一條血路，在國家主權和對抗美蘇兩大超強的民族情節下，成功塑造「核能就

是未來」的思考模式。法國的「核電民族主義」途徑在當時吸引了工人、工會和左派大量的支持度。而且法國的核電發展與核武向來無法脫鉤，因此發展核電參雜了法國維持國際強權的慾望，以及對過去強國的光輝形象之緬懷。

　　但事實上法國人民一直以來也都在與核能做抗爭。法國的反核之路在1995年法國總理朱佩（Alain Marie Juppé）選定Corinne Lepage任環境部部長時就有徵兆。Lepage是法國反核案件的頭號辯護律師，訴訟的案件涉及卡特農、聖洛朗、貝爾維爾、超鳳凰等核電廠以及國家放射性廢棄物管理局、核廢料處置中心。而前任總統薩柯吉（Nicolas Sarkozy）也是選擇繼續承擔老舊核電廠的風險，以延役暨有核電廠，取代新建反應爐。福島核災發生後，許多國家開始重新檢視國內的核能政策，甚至包括核能發電比率位居世界第一的法國，都正在醞釀核電新思維與新能源政策的路途上。法國總統歐蘭德（François Hollande）在2012年上任後，更是史上第一位主張減少核電的法國總統。他提出逐步減低核能依賴的能源政策方向，宣布將於2025年之前，將核電依賴比率從75％下降至50％，降低三分之一的核電依賴比例，也就是說，目前法國的五十八座核電廠，將除役二十多座。速度比德國在2022年除役九座核電廠的目標，還要激進。歐蘭德甚至宣布履行他的總統競選承諾，將最老舊的兩座核電廠，在他的任內就除役。這一點在法國能源與環境部長黛爾菲娜·巴多（Delphine Batho）女士受媒體訪問後，再次被確認：法國政府希望在能源轉型計畫的框架上，關閉這兩座法國最老舊的反應爐，不往延役的方向前進，儘管法

國核安管制單位才評估這兩座從1977年開始運轉的反應爐，可在提高安全標準的前提下延役十年。

目前，法國正在進行國家能源辯論，預計明年可達成結論。如果廢核立場不變，2016年，計畫在諾曼第興建的核電廠，將是法國最後一座核電廠。與此同時，法國藉由拉高再生能源的發展比例，及大規模增進能源效率的政策工具，來達成減核願景。法國能源局在2012年11月出版的報告也證明，減核的政策提議已被納入未來能源發展的國政規劃中。

法國舉辦的全國性能源轉型辯論，在2013下半年，會透過與地方代表及各界社會團體，討論如何實踐能源過度消耗、減少核電比例、老舊反應爐是否延役、支持再生能源發展與投資新能源等議題，以制定新的國家能源政策。雖說新能源政策結果仍有待觀察，但許多國際評論都分析指出，這可視為法國希望減少對核能依賴的重要一步。

同時，法國民眾對於核電的反對也是與日俱增，在福島災後的民調都顯示，主流民意支持是逐步廢核，法國民調公司IFOP所做的民調，結果高達77％民眾希望減少對核電的依賴。法國人民對於降低核電比例與對再生能源發展的期待，已和走向廢核的德國旗鼓相當。總統歐蘭德也確實正在試圖扭轉法國幾十年來置再生能源發展於不顧、過度依賴核電的政策導向，雖然這條路必然是艱辛且漫長的。由於國內保守勢力的反撲，核能相關產業如法國礦業集團（Corps des Mines）等在法國政府部門中的技術官僚也位居要津，在環境能源部、法國國家放射性廢料管理局和法國環境與能源管理局等能源生產的相關政

府單位，都可見核電大廠的前主管身居要職。更何況法國是身為出口核電設備的大國，法國企業代表聯盟（Medef）主席帕希索特（Laurence Parisot），就曾毫不避諱的說：「核電是我們的經濟資產，若法國邁向減核，意味著我們也對核電感到疑慮，那還怎麼向他國推銷出口核電產業？」

要打破這種對核能政策壟斷的菁英主義談何容易，但法國人也持續堅持表達反核的決心，在2013年台灣舉辦309反核能遊行的當日下午，法國反核組織同樣也選在這一天集結，發起了大規模的反核活動。在首都巴黎各處，法國人也和台灣人一樣，表達了強烈的反核意願。當天法國民眾把巴黎分成六大區，每一區都事先選定若干與核能產業決策相關的「權力之地」，包括法國電力公司EDF、生產核燃料與核能技術的公司、核電廠的建造公司、高度投資核能企業的銀行、大量承作法國核能企業外銷風險業務的保險公司、環保部、法國國鐵SNCF的營運處（因為SNCF每一天都負責在全法運送核廢料與燃料）等等。法國反核行動組織者號召民眾到每區的集合地點，手挽著手成為「人鏈」圈住這些代表核權力之地，強烈表達出反核的決心。

德國

在反核的國家行列中，德國是首個工業國承諾，2022年前徹底放棄以核能為能源，可說是最積極進行「去核」的表率。德國這個靠工業出口吃飯的歐洲經濟大國，卻放棄核電走上綠能之路，因此「沒有核電，就無法發展經濟」著實是個謬論。

福島災難發生後，80％的德國選民反對核能，並願意負擔更高的能源價格。德國的反核運動一直是歐洲乃至全球完美的典範，這是由於在經過將近四十年的持久反核運動，令德國的民意一面倒，堅決地向核能說不。

德國的反核之路源自於基層草根，反對民用核能的運動出現在七〇年代。原本在弗萊堡（Freiburg）先進的大學城和法國肥沃的Alsace 區域之間的地帶，有個叫Wyhl 的小村莊，被預定興建核子反應爐。許多世紀以來，住在該處社區的多是保守的居民，以經營葡萄園維生，因此被迫站出來抗爭。從1975年開始，當第一批核廢料運向鄰近城市戈萊本（Gorleben）時，抗爭行動出現了大成長，甚至有大規模示威並封鎖鐵路的行動。在當年舉行了超過五十次市民組織的抗議活動，他們在Wyhl一帶活動，也跑到法國、瑞士等鄰近國家採取行動。反抗的行動傳了出去，弗萊堡大學的學生和左翼團體也加入葡萄園農夫的行列。所以，這次Wyhl 動員的力量主要是以當地居民自主動員，而非從外地輸入。經過多年的奮鬥，今天那個城鎮成了一個風光優美的自然保護區。

在七〇年代末，綠黨的建立很大程度上與這個運動相結合，它聯合了資產階級（有時甚至是右翼）環保主義者，激進左派和左翼工會會員。雖然大型工會支持利用核能，但到了八〇年代，政治風向改變了。由於烏克蘭發生車諾比核災，公共服務工會與金屬工人工會接連改變了立場，自1986年以來，在所有的選舉中，都有一個穩定多數的票源贊成放棄核能發電。從那時開始，德國已沒有規劃或建設新的核電廠，並且因為抗

爭力道強大，政府甚至放棄了在瓦克多夫、巴伐利亞建設核燃料處理場的計畫。1986年社會民主黨更宣布永久放棄核電。

隨後1998～2005這段期間，綠黨與社會民主黨聯盟執政之強硬反核思想：淡出核能更成了重要的國家政策，於2001年6月14日由德國政府提出廢核主張，與能源業商討逐步廢除核電決議；於2002年更修訂《原子能法》，規範現有核電廠商轉至既定年限後逐年除役，確定逐步關閉全國的十九個核電機組。因此德國境內平均一座核電廠壽命為三十二年，遠低於台灣三座核電廠的至少四十年。

但是德國的廢核政策也並非一直十分穩定，基督教民主聯盟上台執政後，又規劃了既有核能機組延役，於2010年宣布老舊核能電廠延役，將1980年前商轉之七座核能電廠延役八年、其餘十座核能電廠甚至延役長達十四年。此舉觸怒了反核民眾，使得20萬民眾上街遊行。2011年3月，日本發生福島事件，對德國淡出核能的政策可謂臨門一腳，在反核電浪潮不斷高漲的背景下，當年舉行的德國西南兩州州議會選舉無疑給了執政黨基民盟和自民黨一記響亮的耳光。兩州選舉中，大贏家都是反核電的綠黨。在基民盟的重要堡壘，巴登－符騰堡州以及萊茵蘭－法耳次州，由於選民表達對拒絕核能的理念，對基督教民主聯盟造成巨大的打擊。這一起事件讓總理梅克爾夫人（Angela Dorothea Merkel）聲望跌入谷底，她終於在該年5月30日，宣布德國達到「非核家園」的時間表，將從原本的2036年，提前到2022年，修訂《和平使用核能和防止核損害法》，規範既有核能機組不延役，並立刻關閉十七個核能廠中的八個

廠。

　但是這個過程並非毫無阻礙的，身為柏林市議員、綠黨能源政策發言人的薛佛也毫不諱言，德國推動非核主張，面臨很大的反對壓力，歷經朝野政黨激辯，多家核電設備商紛起反彈，是經過十餘年的努力，再生能源電力才從4％升至25％，也讓「非核家園」的理念深植德國人心中。

日本

　二戰之後，日本依循美國冷戰策略，將核電引進國內作為國家政策之一。附屬於軍事的核能工業在發展過程中始終在公開與隱蔽之間搖擺。儘管日本是身為唯一遭受核子彈轟炸的國家，但在兩年前的核災發生前，始終沒有從正面應對過核問題。早在核災前，日本國內就曾經多次掀起反核運動高潮，作家大江健三郎就以其寫作與參與運動，成為日本文化界最為知名的反核鬥士。他的文章以日本歷史上重大核事件為線索，反應核時代的罹難經驗。學者柄谷行人、小森陽一、高橋哲哉等以及導演岩井俊二和原本就以反核聞名的作曲家阪本龍一等也持續發出聲音，堅持反核的立場。但日本政府在事故發生前，並未有足夠的動能來面對。

　在311福島核災發生後，由於災害程度過大，排山倒海的反核壓力，更讓日本政府全面凍結核能建設的計畫。日本政府當下就迅速將全國的核電廠停爐檢修，一直到今天，只剩大飯核電廠的兩個反應爐仍持續運轉。在2011年6月9日，最負世界聲望的日本作家村上春樹榮膺西班牙的加泰羅尼亞國際獎。在頒

獎儀式上，村上春樹也向全球傳達他的「反核宣言」。日本國內強大的反核聲浪，使政府提出要朝2030年零核電邁進的政策方針，放棄原訂新建14座以上核電廠之計畫，並在國際原子能總署（IAEA）報告。2012年9月經由公開評論、意見公聽會、討論型民意調查、自主型說明會、媒體意向調查等5種國民參與議論方式後，提出「革新能源環境戰略」。雖然現任首相安倍晉三有意支持核電廠復轉，但面對強大且堅定的民意，也只能表示：「關於新建核電廠，並非能馬上判斷的問題，要好好鎖定核災的調查、驗證及安全技術的進展狀況，並花費相當程度時間來檢討才行。」

中國

中國官方目前雖仍然是以核能發電作為帶動經濟向上的手段之一，又因共黨專政的政治環境下，發展核電仍為其基本國策。但由於對核能知識的了解，民間的力量也已開始動員，漸漸迫使官方必須正視這一與人民生活環境品質息息相關的議題。

在2011年安徽、江西兩省的帽子山核電站即爭議不斷。這座號稱「中國第一座內陸核電站」已獲得中國國家環保部、國家核安全局的批復，正式動工興建，卻遭到了安徽省望江縣政府的激烈反對。

這是中國第一次「由政府正式出面」發起的反核行動。望江縣指責中央在專案的具體實施過程中作假，誤導民眾，並逐步將內部資訊揭示於媒體，引起極大的輿論反響。當地居民由

於福島事故的發生，認識到核電廠的巨大潛在危險，於是要求政府面對這類的公共建設，制定政策要更加客觀與透明。但中國發展核電二十多年，公眾對於這方面的認知幾乎空白，因此一旦遇到日本福島核危機這一類的事故發生，恐懼自不待言，導致對核電建設的信心喪失。

在這次的抗爭事件中，受安徽方面的委託，知名物理學家、中國科學院院士何祚庥將他們的陳情書通過中科院遞到了中央。何祚庥說：「我個人估計，彭澤核電站下馬的可能性很大，反對的理由太充分了，你不夠安全。人類已經出現了福島核事故，絕對不能再出第二次，尤其是在中國不能重複出現。」

事實上在安徽帽子山核電廠抗爭之前，2006年在山東的乳山紅石頂核電站就曾有過一次抗爭。這起事件中原本居住當地的居民並未展現出強烈的反對立場，但由於選定建設核電廠區的房地產業與外來遷入居民卻對此產生極大的反彈。購屋民眾認為：「當初買房時不是說銀灘區域沒有任何工業污染嗎？現在居然要搞個超級核污染！」相關利益者後來在社區內宣傳，並在北京的民間環保網站「大海環保公社」的幫助下，在網上公開徵集簽名活動。2006年9月6日，「大海環保公社」將五百多人參與公開簽名的聯名信分別呈送到國家環保總局和國家海洋局。對於核電站建設的質疑，反映出來的是一種面對影響環境的公權力，對資訊透明化的要求。雖並未獲得停建的回應，但在中國境內已種入社區居民重視居住環境權與抗拒核污染的思想種子。然而2011年的安徽帽子山核電站在中國的核電發展

史上，成為一起具有標誌性意義的事件。這是中國第一次由於公眾的反對而導致一個計畫投入數百億元的核電建設停擺，證明即使在共黨專政的環境下，對環境要求的民意仍絕不可忽視！

英國

核能發電占英國供電的比例，在1990年代末期達到高峰，約占26％，此後一路下滑，目前僅占約16％ 左右，跟台灣的比重相當類似。目前營運中的核電廠裡頭，最後一座開始興建於1988年，於1995年投入商業運轉，換言之，英國已經將近二十年沒有任何新建核電廠。民眾也對核能相關設施十分敏感，今年二月底，英國坎布里亞（Cumbria）地方議會否決興建永久核廢料處置場的計畫。英國核廢料頓時找不到地方安置。而且目前運轉中的九座核電廠，將有八座服役年限將至，最遲於2023年前將陸續除役。有論者言，英國與台灣不同，本身有能源生產能力，但事實上雖說英國本身生產能源，但也有隱憂，因為英國的石油與天然氣主要依賴1970年代所開發的北海油田，但經過四十餘年的開採，油氣資源已逐漸耗竭。

英國政府是自從工黨執政末期開始規劃重新發展核電，自2010 年後執政的保守黨及自民黨聯合政府，更是在爭議聲中，將核電納入低碳能源規劃中，但其間環保團體更曾針對英國政府提出訴訟，英國最高法院也在判決中指出，《英國能源政策白皮書》的諮詢過程中充滿誤導及錯誤資訊。

況且雖然英國政府宣布重新投入發展核電，並變相補貼核

電業者，但新建核電廠的過程仍然充滿不確定性。幾個表態興建的公司，包括Centrica、 EDF等公司，皆因各種因素延遲或退出計畫。EDF是英國最大的核電業者，既有的九座核電廠中有八座由EDF 建造營運，但因為內外部加總的成本過高，連預定在西南部欣克里岬興建的新電廠的計畫都遲滯不前，目前仍尚未動工。

英國首相卡麥隆（David Cameron） 曾表明在興建新核電廠前，必須先確定用過核燃料的處置場址，而且選址作業必須由地方自願地提出申請。目前毫無任何一個區域對此案提出申請，造成核廢料選址過程幾乎陷入停擺。氣候變遷與能源大臣Chris Huhne 也表示：「核電是二次世界大戰後，英國最昂貴的失敗政策。」加上上述新建核電廠的前程充滿高度不確定性，造成英國核能發展形同沒有任何具體進度。

其他各國

反對核能發電不應該只是當災害發生後一時的情緒性反應，早在1976年，瑞典執政的社會民主黨主張發展核電，瑞典國民就以選票使它垮台。而奧地利也曾在1978年舉行了公民投票，成功地阻止了奧國國內第一個核電廠的興建。核能發電絕不能是一群產官學界聯合的「科技官僚」說了就算。核能發電之所以危險，人為的欺騙與隱瞞遠較核能本身可怕。民眾力量的發揮，能夠迫使政府讓相關資訊更加的透明與公開，只有在這樣的情況下，討論興建與否才有意義。但也由於資訊的公開，世界各先進國家的公民已對核電有了更深入的認識，進而

挺身而出，對核能說不！近年來，歐洲的反核運動進行的如火如荼，在2011年6月，義大利舉行全國公投，結果有94％比例反對新增核電廠的計畫。同年10月比利時政府也確認至遲在2025年，達成非核家園的計畫。2012年10月14日的立陶宛全國性公投也顯現超過三分之二的民眾反對新增核電廠。荷蘭政府更直接中止了核電廠新增計畫，迫使德國RWE公司退出荷蘭市場。瑞士政府也在福島核災後提出了「新能源政策情境以及配套措施」，並於2011年9月28日公投，禁止新設核能反應爐。這些國家對核能的覺醒與反制，可作為台灣人民對核電思維的他山之石，並非如同台電片面所言，要經濟發展就得擁抱核電，這麼多經濟發達的國家，正可作為台電當局這一說法的反例，在與核能說不後，擁抱的是光明與安穩的未來。

反核理由 *9*

核電其實不便宜

核電便宜是政客虛構的假象，核四廠是不折不扣的「新台幣焚化爐」！

　　台電常以核四若不續建、商轉，電價則必須上漲為由恐嚇人民，以達到續建核四的目的，並藉此灌輸人民「核電是便宜的」這個錯覺，事實上核電發電成本之所以能像官方說法那樣便宜，事實上是因為台電刻意忽略許多項核能發電所造成的外部成本，讓這些成本成為後代子孫的累贅。台電所指核能發電成本每度為0.37元，並未完全包括社會成本，若計入全部的社會成本，則其發電成本將異常高於其他能源的發電成本。

　　根據綠色行動聯盟的報告指出若核四投入運轉，全民將再付出至少1兆1,256億元代價，這還不包括除役時土地復原成本，以及如果不幸發生核災時的損失。任職於瑞典皇家工學院（KTH）的科技史學者侯榭流思（Per Hogselius）曾來台演講，就談到：「核能發電產生的能量，約有三分之二流失，成為必須大量用水冷卻的熱能，發電效率並不好。」歐洲綠黨議員寇

雪伊夫也認為：「核能是危險、無用並且極其昂貴的一項老舊能源。」就連美國核電龍頭奇異公司也曾表示：「核電成本如此之高，以至於很難證明其合理性。」而歐洲最大核電營運公司之一的E.ON執行長也說：「福島核災後，新核電廠的成本必定大幅提高。」全球最大金融集團之一的花旗集團也表示：「核電巨大且不確定的隱藏成本，甚至會嚴重打擊核電公司本身的營運。」國際核電營運公司及金融集團，已紛紛表示核電成本昂貴且不符經濟效益，然而台電在國內仍堅稱核電是最便宜的發電方式。就讓我們來看看核四這座「新台幣焚化爐」，如何燒掉一張張你我的納稅錢，揭穿台電的謊言，戳破核電便宜的這個假面具。

　　旅美電力專家陳謨星博士指出，核電廠發電成本有固定成本、燃料成本、備用容量成本、退役成本、廢料處理成本、社會成本、稅務成本、保安與保險成本，及配合負載變動、其他電廠為核電廠服務的成本等九項，但台電所說的核電價格可說只包含燃料成本。綜上所述一般來說，發電廠的成本應含蓋至少有三大項，但是各國電力公司當局對於核能發電卻往往只告訴國民其中一項或其中一二小項；以短報核能發電成本，多報其他種發電成本來騙取國人對核電的認同，這三大項成本包含：

一、發電成本：
　　發電用燃料費、廠區人事及管理費用等。

二、建廠與後端處理費用：
　　建廠費用、備用容量成本、維修費用、處理用過的核燃料

（高階核廢料）費用、處理低階核廢料費用、廢爐費用。

三、稅務成本、社會成本與機會成本：

　　包含借款利息、地方補助金、保險費、造成的外部效應、天災人禍應變成本以及投入核電後，所喪失發展其他綠能或更安全發電的機會成本。

　　各國電力公司通常對核能發電只計算第一項，即發電成本，故意讓國民產生核電很便宜的幻覺。我國台電甚至還把採購燃料之部分成本，在會計作帳時，列入資產負債表的固定資產中，比起他國低估更加嚴重。事實上核電在各國都是靠稅金補貼才能維持的，根本就是非常昂貴的能源。

核四預算是道地的「新台幣焚化爐」，預算燒光納稅人民的血汗錢

　　依據立法院預算中心報告指出在1992年立法院核定核四建設計畫時，原本預算估計約為1,697億餘元，但由於總總原因，預算不斷追加，至目前為止預算追加即將超過3,300億，成為全世界造價最昂貴的核能發電廠。若讓核四繼續興建直至完工，以及之後的商轉，台電公司便握有把柄向人民持續要求漲電價，便成一座「錢坑」！就讓我們來檢視核四在興建過程是如何巧立名目，利用各種藉口來「追加」預算吧。

　　如果台灣社會能夠理性看待核能政策，即使是支持核能的一方，也應該看得出一再膨脹的核四預算，是非常不合理的公共工程投資。核四廠自1992年編列原始興建預算估計為新台幣1,697億3,103萬元。2000年政黨輪替，陳水扁政府上台，其所屬

政黨民進黨一向支持「非核家園」主張，於是陳前總統指示暫緩核四工程各項採購與工程招標，行政院宣布停建。核四工程也因此一度延宕，但隨即遭立法院反彈，經過一度朝野攻防，在朝小野大的政治體制之下，仍不敵在野國民黨的立院優勢，以及大法官釋憲釋字第520號認定停建核四有行政瑕疵後復建。在此情況下，2004年核四的第一次追加預算為台電提報擴大機具組（追加機具組一事，涉及環境評估與台電的電力調配政策，本身並不具合法性。），追加190億4,219萬預算，累計預算為新台幣1,887億元。

2006年經濟部呈報行政院核四追加預算規模約543億元，為第二次追加預算，預算追加原因林林總總編列了十數項細目，包含：原物料價格上漲、美元匯率因素、賠償及保險準備金、復工修約、利息增加、保警費增加、委託調查研究費、增購土地、漁業權補償及公益捐助等。對於台電這次的追加預算案，當時與會的立院黨團幹事長陳景峻便質疑，核四追加預算細目過於簡略。

而當時的核四已較預定進度落後25％以上。台電對此提出檢討報告指出，列出八大項核四工程落後的原因，包括：一、設計變更過多；二、部分採購案廢標及履約爭議；三、承攬商因財務問題無法配合；四、營建材料無法按市場價格調整；五、因廠房工程進度落後，影響後續機電儀錶工程無法施作；六、因工程落後，導致試運轉部分相對延後；七、主要廠房鋼筋、混凝土、埋件、鋼構設計完成數量超出原預估合約數量甚多；八、過去各因素影響停復工所衍生問題。從台電的這份檢

討報告就可看出，在當時核四興建工程的問題已經層出不窮。然而這一次的預算追加案，後仍獲立法院通過預算447億7,794萬元，金額累計至2,335億元，這一項問題工程的花費，至此已超過九二一震災的特別預算2,100億元。

2009年台電再度提報因原物料上漲、承攬商倒閉等理由獲得第三度追加預算401億472萬元，預算總金額累計至2,737億元。

2013年預算書則顯示，因應日本311強震加強防震措施，將第四度追加102億2,323萬元，也將使核四預算高達2,838億7,913萬。四次總計追加1,141億4,810萬元。

而2013年中立法院審查，據媒體報導，又將再追加至少462億。核四預算累計至此將破3,300億元大關。2013上半年送交行政院核定，2013年8月送交立法院，2014年3月到6月由立院審查。至此核四所追加的預算已超過起初核定的預算一倍以上，預算累計已相當於將近六座台北101大樓的造價。

縱然台電表示，核四興建過程中遇物價飛漲、政府宣布停建、承包廠商倒閉，以及用最嚴格標準測試，以致拖長工期，承擔較高的利息成本等諸多藉口，但核四已經成為全球造價最貴的核電廠，也是台灣公共工程有史以來最大的超級「錢坑」！核四在專業的包裝及政治的掩護下，成為無底的預算黑洞，除了任由台電及包商漫天喊價外，人民似乎無法抵抗官僚對核四的強力護航，況且台電每一次追加核四預算，都說是「最後一次」，這是否真的就是最後一次追加預算？沒有任何一個政府官員願意保證。而且預算並不是真正的建廠「總成

本」，因為自電廠完工開始商轉起，至貸款全部償還為止，利息費用完全不列入預算之內。為了蓋這麼一座爭議不斷、安全性堪憂，甚至引爆台灣社會分裂的核四廠，就要花掉台灣人民三千多億，除了居間穿梭的廠商口袋賺飽外，台灣未見其利先受其害，如今進退兩難，所有這一切，真的值得嗎？身為納稅人的我們，絕對有義務站出來監督政府，不再繼續在這個無底洞砸錢。

核廢料成本是永無止盡的花費

核廢料處理是核能發電最大的一筆開支，卻沒有被列入核電成本的估計之內。目前為止，高階核廢料的處置是全世界都無解的問題，政府忽略了台灣地質不穩定而且人口稠密，根本沒有適合存放核廢料的地方。而低階核廢料，則是丟給蘭嶼的原住民族去承擔，所謂把核能當作是便宜能源，是因沒有計算到後續的環境成本；而居住於蘭嶼的原住民，面對這些核污染，是用肉做的身體去負擔這項成本。以核能獲得便宜的能源完全是「飲鴆止渴」的作法，台灣目前對於高階與低階核廢料毫無解決方案，因此所需耗費的金額完全無法估算，核電廠隱藏的成本，超過民眾所能想像。而德國和美國陸續爆發核廢料危機，就是清楚的例證。

以美國為例，建設用作處理高放射性核廢料的地下處置庫，是一個耗資巨大的工程。已被中止的尤卡山核廢料處置庫工程起初總費用就預計大約962億美元。美國位於華盛頓州韓福德（Hanford）的核廢料處置場，2013年二月底，驚傳六個貯存

槽一年外洩一千加侖核廢料。華盛頓州長英斯利（Jay Inslee）承認：「不清楚外洩物質的成分和規模，也沒有有效防止外漏的技術。」事實上每年美國為了處理韓福德核廢料場，需花20到35億美元（約600到1,000億台幣）。而美國能源局也預估，這次的外漏事件得花數十年、上千億美元來處理。

在今年二月底，德國《明鏡週刊》報導德國下薩克森州地下750公尺的阿瑟二號（Asse II）鹽礦坑，半世紀來貯存其中的十二餘萬桶核廢料，可能從八〇年代開始就有外漏。更有專家擔憂，整個礦坑可能在明年坍塌。德國政府正在研究，如何挖出封存的廢料，重新處理。為了避免氣爆，挖掘速度相當緩慢，而據《明鏡週刊》預估，整項行動要花約2,000億到3,900億台幣。除了美、德二國，媒体也報導瑞典為了建設核廢料處置庫花費了將近千億台幣。有專家推測，中國未來高放射性核廢料處置場必將耗資數百億人民幣以上。

核廢料已儼然成為世界各國外交上新的燙手山芋。美國《新科學家》雜誌指出，發展核電的半世紀以來，全世界32個國家，現有388個反應爐在運轉，卻沒有半個處置場，能長期封存高階核廢料。上面各國之例，更能展現出處理核廢料所費不貲，向國人強力推銷核電的台電當局，在這方面能夠清楚向國人說明，台灣要如何處理核廢料？又會花費多少成本嗎？

為了興建核四廠付出的社會成本無可計數

社會成本泛指如公共建設等的各種公共決策因視角單一化與忽視正義原則而帶來的社會負荷（Social Loading），造成原

可避免卻仍付出的不良外部性，與增加社會困擾等各種代價。其中包括可計算的經濟損失與更多不可量化、無可挽回的社會影響與不可見的心理衝擊。而核四若續建另須加上以下各種無法計算價值之社會成本，其中包含以下數點：

首先，核電廠最大的社會成本就是對環境造成的衝擊。從開採核原料到設置核電廠所造成的污染，讓周遭環境不適合各種生物生存，危害生態環境，進而破壞大自然的食物鏈。這是一種以人類中心主義為主軸的能源決策思維，忽視了生命與生態中心主義為主軸的自然界的權利，包括土地、海洋及居住其間的各種生物，導致人類與大自然的無法和諧共存。人類的經濟發展若立基於對自然資源的耗損，長期的污染造成大自然無法持續供應堪用資源，就形成人類與大自然的對立形勢，而無法「雙贏」（win win）。

其次，由於核廢料具有「不可消失性」（物質不滅！），亦即其輻射無法自地球消失。現在人們享受核電所帶來的便利，而將輻射留給下一代，成為「隔代社會成本」。我們的下一代在毫無選擇餘地的情況下，身未受其利，便被迫接受這麼一項巨大而又危險的垃圾。這樣風險分配的「不公義」所產生的社會成本，相對於抽煙、喝酒等自願風險，核四成為一種跨地域與跨世代的非自願風險。使用核電造成台灣的用電分配成為風險分配，並且強迫將風險分配至未來的下一代。這樣的世代不正義形成「父母債子女償」的悲劇，公平嗎？正義嗎？

再者，為預防天災（颱風、地震等）、人禍（戰爭、陰謀破壞等）所產生的災變後果，補償損失所投入資源之成本，以

及人為疏失造成核電廠隨時處於核災變之「風險成本」。舉例來說：1985年7月7日，核三廠第一號反應爐發生大火災。歷經滅火、修理到再度運轉為止，需要花費一年兩個月，損失金額高達70億元。然而台電在調查結果出爐後，卻無法向奇異公司請求賠償，結果花費的70億元的損失又轉嫁回到了用電者身上。而據報導美國三哩島核能電廠事件發生後，僅清除放射性污染工作，就已花了3億美元，其他費用為數更鉅。而日本的福島核災，救災跟善後也不是區區一家東京電力公司能搞定的，而是要由日本政府出面，追根究底也就是納稅人兼受害者來支付。且若發生戰爭核電廠將成為最先被攻擊的目標，就像一顆不定時的原子彈，後果不堪設想。

此外，興建核四造成人民心理的恐懼、社會不安的來源。以台灣目前的《核子損害賠償法》，核災賠償上限只有42億，若不幸發生核災，相當於每人只有183元的核災賠償。「恐核」成為社會大眾不可承受的心理負荷，核電廠周遭居民的憂慮與恐懼是健全社會的一大負資產。而各種反核抗爭、例行的核安演習等活動，也不利於正常的社會運作與產業發展，因此產生巨大的社會成本。試問我們既然有權利選擇居住在「絕對安全」的生活環境裡，為何還要選擇居住在官僚們口中「相對安全」的環境呢？

最後，核電廠造成環境難民的成本。核四廠屬於鄰避設施（Not In My Back Yard, NIMBY），因此選為建設核電廠的城鎮，故鄉光榮感頓時化為烏有。從貢寮區民的核四公投結果可見，貢寮成為核四廠址絕非自願，其故鄉光榮感盡失，這項社

會成本是無法以金錢來衡量的。而另一方面，中選為核廢料放置廠的蘭嶼達悟族原住民，也成為聯合國定義下「環境難民」之一部分，對當地居民而言，這是掌握經濟與權勢的人，獨裁的做出自私的決定，此舉甚至會造成漢民族與原住民的認同疏化，民族隔閡之牆高築，妨礙社會的一體化與族群合諧。

核電廠除役成本高昂

所謂除役成本是指核電廠使用期限屆滿，拆廠、處理核廢料等有關的處分成本。台灣目前尚無核電廠除役，無相關除役成本計算實例。一般的核電廠大約二十幾年就必須除役，但是台灣卻將核電廠的使用年限設定為四十年，危險度陡然而增。核一廠的兩座反應爐，分別於1978、1979開始運轉，在馬政府承諾不再延役的情況下，即將於2018、2019年屆滿四十年的使用期限，等於馬上要面臨除役的問題。然援引美國已除役電廠之經驗，電廠除役經費相當原建廠成本的兩倍。且日後隨著環保要求標準升高，所需花費完全無法評估。根據美國核子管理委員會（Nuclear Regulatory Commission，NRC）對於除役的定義，大致可分為三種除役方式。

一、「立即拆除」（DECON）：

指在核電廠屆滿使用年限、終止運轉後，將含放射性物質的機組設備除污、拆除，且移出廠內用過的核燃料移至貯存場。

二、「延遲拆除」（SAFSTOR）：

指在核電廠終止營運後，不立刻進行拆除作業，而是將機

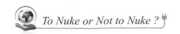

組在控制下存放約四十到六十年的時間，讓廠內使用過的核燃料等放射物質自然衰變，較無危害之後，再進行除污、拆除等作業。

三、「固封除役」（Entombing）：

從英文字面上來看，其實就是「就地埋葬」之意。這種方式將使用過的核燃料與核廢料移出廠外後，直接以混凝土把終止營運的核電廠封起來，把殘留放射物質的機組與廠房原地封存。1986年的車諾比核災後，蘇聯官方即採用此種方式來封閉核電廠，被喻為「石棺」。

事實上，不論何種除役方式，由於台灣無法尋找到適合的「最終貯存場」，核廢料的問題依然還是沒有解決，除役後的核電廠仍然必須24小時派警衛看守並管理含有劇毒之用過的核燃料棒，而且這種狀況必須無止盡地進行下去，而這些花費將來都必須由後代子孫來負擔！

為了興建核電廠喪失許多機會成本

「機會成本」是一個基本的經濟學概念，當人們做任何選擇或投資，都必須有這麼一項概念。當你選擇把你的手中的金錢拿去投資在某項標的時，你就不能用那筆金錢去做其他的採購或投資，這時候你做這項決策的成本等於已付出的花費加上「機會成本」。對核電廠而言，所謂機會成本指核四若續建，對國家財政造成排擠效果，其他資本支出或福利支出因被排擠，而無法實施，影響總體經濟之發展。由於政府一味迎合財團要求，並且本末倒置地將核四由「最後選擇」變成「最先選

擇」，甚至損失了巨大的「省電社會科技」發展的機會成本。

　　因為投資核電廠的花費，就不能拿來發展更環保的再生能源，這代表環保科技的發展會受到拖累，這點是與世界發展趨勢相違背的。建設核電廠的這項投資也阻礙了能源多元化的發展，妨礙電力自由化的腳步，使台電疏於輸配電系統的維護與增強、以及需求面管理與發電效率的改善，不利於能源效率的提升與節約能源。廢核四則有利於上述各項目標的落實。其實只要將建核四廠必須負擔的費用的一小部分，用於替代方案，如改善現有其他發電廠的發電效率，或改善輸配電系統，即可輕易地替代核四廠運作產生的裝置容量。這些廢核四的好處將超過廢核四的實質損失，所以就算核能發電真的很便宜，它的機會成本也會讓它成為非常貴的能源 —— 更何況，核能發電真正的成本難以估計，其實一點兒也不便宜！

反核理由 *10*

我們還有其他選擇

綠能政策、非核家園才能讓環境永續發展，台灣人值得穩定
而美好的生活。

　　台電堅持要蓋核四的理由是要讓核電占本國能源一定的配
比。官方常用如果沒有核四，就會造成缺電危機等說法，來恫
嚇台灣的民眾，形塑核能在台灣是無法被排除的選項，迫使民
眾有「非核不可」的想法。但事實上，核四不商轉並不會造成
缺電的危機，甚至若把興建核電廠的經費用於提升用電效率與
節約能源，或興建其他類型的電廠，則台灣的電力一定綽綽有
餘。對此滙豐集團（HSBC）就曾表示：「市場將會轉移到再生
能源發展。」

　　在「電力零成長」的電力結構規劃下，事實上是能夠同時
達成非核家園及國家溫室氣體減量的兩大目標。在這個情形
下，身為納稅人的我們倒是要問，如果有其他更安全而且負擔
的起的能源，為什麼一定非要用高風險、先進國家已逐漸淘汰
的核能呢？核電的風險對人民而言是被迫的風險，而且牽涉到

的領域無比龐大，身為這個島國命運共同體的一分子，一定要知道下述這些更優質的選項，不應該漠視怠惰的政府，繼續用我們繳納的稅金，做傷害這塊土地的事。

我國發電量比例現狀

任何公共議題，攸關著許多面向，核四的存廢亦然，其中最重要的一環是，對我國民生及產業用電的影響。要了解這個問題，必須從我國的能源生產現狀剖析，方能徹底分析核四存廢的利弊。

台灣目前絕大多數發電事業由台灣電力公司掌控，民營電廠僅占少數。台電目前共有十一座水力發電廠、十一座火力發電廠、三座核能發電廠，風力發電站十五所及太陽光電發電站三所。發電裝置總容量 約為3,200萬瓩。

台電各發電廠裝置容量資料　單位：MW（等於0.1萬瓩）

火力發電		水力發電		核能發電		風力及太陽光電發電	
廠別	裝置容量	廠別	裝置容量	廠別	裝置容量	廠別	裝置容量
協和	2,000	東部	183	一廠	1,272	中屯風力	4.8
林口	600	蘭陽	26	二廠	1,970	石門風力	4.0
深澳	0	桂山	111	三廠	1,902	恆春風力	4.5
大潭	4,384.2	石門	130			大潭風力	15.1

台中	5,780	大甲溪	1,142			觀園風力	30
通霄	1,815	明潭	1,666.1			彰工風力	62
南部	1,117.8	大觀	1,110			台中風力	8
興達	4,326	萬大	36			台中港風力	36
大林	2,400	曾文	50			香山風力	12
尖山	129.8	高屏	7.5			麥寮風力	46
塔山	64.6	卓蘭	80			四湖風力	28
珠山	15.4					湖西風力	5.4
其他	83.5					王功風力	23
						林口風力	6
						金沙風力	4
						金沙光電	0.5
						興達生水池光電	1.0
						永安鹽灘地光電	4.6
小計	22,716.3		4,541.6		5,144		294.9
總計							32,696.8

民營火力電廠基本資料及現況表

電廠名稱	燃料別	裝置容量（MW）	商轉日期
麥寮電廠	煤	18	1999年5月
長生電廠	天然氣	9	2000年7月
新桃電廠	天然氣	6	2002年3月
和平電廠	煤	13	2002年6月
國光電廠	天然氣	4.8	2003年11月
嘉惠電廠	天然氣	6.7	2003年12月
星能電廠	天然氣	4.9	2004年3月
森霸電廠	天然氣	9.8	2004年3月
星元電廠	天然氣	4.9	2009年6月

　　事實上，以供應來說，台電所有的發電廠，如果全都同時發電，三座核電廠發的電只占12％。但台電短視近利，只看見短期核能發電的成本便宜，於是急欲把核能發電極大化。但以需求來說，台灣就算是用電高峰的7、8月，台電現下的備用率超過20％，也就是指在用電最高峰的7、8月，還有20％的發電產能閒置。如果核一、核二、核三全都停止運轉，而其他電廠機組不故障、不同時歲修，也還有6％的備用產能。放眼國際，率先廢核的德國有十七個原子爐，占發電量23％，也將廢核的瑞士則是40％、比利時則達55％；這些國家都能走向廢核，台灣備用電力近年高達23～28％，即使扣掉核電還綽綽有餘，為何要害怕跟核電這個「危險情人」說分手？如果去除核電，我們還有以下幾種方式來讓台灣的用電更加健全：

一、繼續推展汽電共生（Combined Heat and Power Generation，簡稱CHP）：

汽電共生又稱熱電整合系統，基本概念是利用工業製造的廢熱發電，以達到能量最大化利用的目的。由於發電系統用的本來就是各種工業機具的廢熱，等於所發的電都是多賺到的。以汽電共生方式來運用能源，熱效率甚至高於傳統之火力發電，在能源匱乏的台灣，能夠達到節省能源功效，而對於減緩台灣整體二氧化碳及溫室氣體的排放，也頗能發揮正面功效。舉水泥業為例，水泥製作的製程中，其中高溫廢熱約占總熱量的三分之一，利用廢熱發電，增加汽電共生的配比，對降低成本與節約能源皆具有直接效益。

再看看國外的例子，以德國為例，Berlin Mitte熱電整合電廠被設立於柏林市，靠近住宅與商業區，其燃氣渦輪機發電機組產生的高溫排氣廢熱，可以導入熱鍋爐產生高壓蒸氣，推動蒸汽渦輪機發電，提高燃油發電效率。甚至可以利用廢熱鍋爐後的低溫燃氣餘熱、渦輪機組的冷卻熱及蒸氣冷凝熱回收加熱熱水，提供附近居民所需的暖氣熱源。根據該廠的統計資料顯示，燃油的發電效率有48％，熱能回收再利用也高達42％，能源使用效率非常的高。而根據能源委員會資料，1997年台灣的汽電共生裝置容量為2,652 MW，是當初在規劃核四廠時未曾考慮到的，如今則已可取代核四廠（裝置容量2,700MW）。甚至到2020年汽電共生裝置容量將可提高為6,360 MW。

二、提升能源運用效率：

如商品節能標章的推動，加大省油省氣省電之宣導力度，

藉由節能標章制度的推廣，鼓勵民眾使用高能源效率產品，以減少能源消耗。這點美國加州政府做的很好，其州政府推行「負瓦特」的觀念，獎勵電力公司補貼消費者改用省能的器具（如省電燈泡或燈管）。對於企業也能夠利用獎勵措施與融資辦法，鼓勵業者積極投資於節能設備與製程改善，故於短、中時程，業者宜先掌握與推動經濟可行的節能技術，以提升能源使用效率。一般公共場合電梯的照明及通風若設有省電裝置，待機超過三分鐘以上，也應自動暫停照明與運轉。如上述的提升能源運用效率的方法還有很多，據專家估算，藉由推動提高能源運用效率，台灣只要能夠提高能源與電力效率15％，所節省的能源即超過一座核四廠的裝置容量。

三、積極開發再生能源：

近年來由於環保及抑制溫室氣體排放，太陽能、風能、生質能、地熱、海洋能等再生能源，符合環保的永續能源的概念，已獲得世界各國高度關注。風能及太陽能等由於技術發展與量產後的規模經濟，已使其成本大幅降低三至五成。預期未來十年內可再降20％～35％。因此美、日及歐盟等國家，均積極進行相關發電的開發利用，全球的風力和太陽能發電容量在過去十年間呈數倍增加。德國在1995年風力發電的裝置容量即達到世界第一的水準，足供德國470多萬戶家庭一年的照明之用。在美國，風力發電廠每年的發電量超過35億度；英國在1990至1994年間，每年幾乎成長150％。丹麥政府宣布興建500座海上風力發電廠，並預計在2030年底時，風力發電的發電量將達總發電量的50％。法國也打算十年後使風力發電容量達到

500兆瓦。而被譽為樂活國家的北歐諸國，平均63％的能源來自再生能源，如冰島、挪威、芬蘭、丹麥再生能源發電比率分別為81％、56％、29％、27％，歐盟亦預計於2020年將再生能源發電比率提升至20％。

　　台灣地區雨量充沛，河川坡地陡峻，水力資源豐富，水力發電曾為台灣光復初期發電系統之主力。且台灣是個海島，風力資源相當豐富，每年約有半年以上的東北季風期，新竹湖口、關西台地的部分山區、海濱及離島也都很適合風力發電。此外，台灣在太陽能和生質能方面亦有相當大的發展空間。我國再生能源的裝置容量目前是6％，若提高再生能源發電比率至25％以上即可完全取代核電，對照上述各國的執行效率與進度，這樣的做法並非毫不可能達成。既讓核電廠如期除役又不致引發缺電危機，讓台灣真正成為人民可以安居樂業而無核災隱憂的國家。

四、推動全面節約能源的概念：

　　倡導國人響應節能從生活中的點滴做起，改善生活習慣，鼓勵民眾購買省電產品。節能減碳所節省的不只是金錢，甚至是你我美好的生活環境。用電有效率並非要回歸原始人的生活，而是對生態環境的愛護，把能源用在「刀口」上。根據U.P.Colombo及J. Goldemberg的估計，全面能源效率之推廣約可省下43％～69％的能源，如此就可在不增加污染的情況下，增加更多的可用電力。

　　由於台灣處於亞熱帶區域，國人用電高峰為夏季，倡導民眾做好冷氣不外洩，冷氣溫度以不低於26度為最適宜，善用風

扇搭配更能節省能源。養成隨手關電源的好習慣，長時間不使用電器設備時亦拔掉插頭，減少待機時耗電。多多利用保溫瓶、悶燒鍋等不需使用電力卻可持續保溫的器具，避免耗費多餘的電力。事實上只要民眾每人每天節省1度電，全國每年可節省近85億度電，約可省下200多億元電費。如此龐大的數字，對於台灣發展更先進、更優質的能源頗有助益，更不用說同時也減少相當於約34座陽明山國家公園面積所能吸附的二氧化碳排放量，對環境保護之影響甚鉅。

五、改變產業結構與改善生產設備：

　　根據經建會六年國建計畫的報告，1971年我國每生產一美元的產品，耗電量是日本的1.31倍，1988年則提高到日本的2.64倍，目前則約為2倍。造成這樣的狀況是因為我們政府的工業政策是用你我所繳的電費與稅金來補貼高耗電的工業，如鋼鐵、水泥、石化、造紙等。上述國內四種高耗能產業，在過去近二十年間所創造的國內生產毛額僅約占全國的7%，但卻用了超過全國三分之一的能源與電力。這種擴張耗電工業政策如果不改變的話，建再多的電廠也是不夠的。

　　要排除這樣的情形，政府在規劃產業政策時需考量調整部分高耗能、能源密集度高的產業結構，對於高耗能高污染的產業，不宜鼓勵增加出口，影響產業升級的腳步。政府在新增重大投資案時，應排除高碳、高耗能產業（如石化、電子業、鋼鐵等），考量環境的碳足跡效應，並且以減少溫室氣體的排放為原則。而能源使用效率之提升與節能製程的應用對於節約能源有直接的貢獻，方向主要包括更新生產設備、採用高效率省

能之機械設備及高效率之引擎、馬達與加熱裝置等。

面對現有的高耗能產業,例如水泥業與鋼鐵業,廠中的轉爐是相當耗能的設備,能源局應針對這類設備制定使用效率,逐步提高相關產業設備能源使用效率標準,以淘汰低能源使用效率之設備。石化原料業則需改善其能源利用效益,配合調整燃料消費結構、生產製程與使用高效能機械設備,以提升產業附加價值與降低能源密集度。

要達到這個目標,政府可以補助企業汰換老舊而耗能的設備,另一方面一旦廠商沒有改善能源使用效率,則限期改善否則施以罰緩。在邁向國際化的經濟中,政府需要決心,加強培植低耗能與高附加價值的產業,以提升國際競爭力。

六、擴大其他發電方式之比重:

根據國際能源總署(IEA)的資料,IEA會員國的未來發電結構,天然氣發電的比重將逐年上升,而核能發電的比重則隨之降低。我國核四廠一但停建,改建成其他發電廠是一項不錯的方案。舉美國俄亥俄州齊默(Zimmer)核電廠為例,和核四問題最類似,由沒有核電廠經驗的營造廠承包,電力公司自己負責機器、管線發包,結果施工不良而遭核能會勒令停工,只能放棄、改成燃煤電廠。又如美國密西根米德蘭(Midland)核電廠,原要建兩座800MW壓水式反應爐,歷經十七年、花了40億美元、完工率達到了85%,但施工不良造成地基下陷及廠房龜裂,又發生三哩島核災,地方人士反對,最後改成氣電共生廠。

七、電力事業自由化:

　　台電喜歡蓋大型電廠,然後再用很長的管線來輸配電,其中至少浪費了6%以上的電力;另有學者估計,台灣輸配電所浪費的電力可達30%。台灣若能完全開放電力事業自由化,讓民間自由興建電廠,且自由輸配電與售電,並建立完善的區域輸電網路,如此一來,全面增加產電、輸配電和用電的效率,則台灣必無缺電的疑慮。放眼國際,發電裝置多朝小而美、更具彈性的模式經營,台灣屬於小型海島國家,卻拚命蓋大電廠,使得設廠成本高又缺乏調度彈性。

　　而台電保證收購價格所扶植出來的民營電廠,不具競爭力。這種經營模式,均使發電市場被台電壟斷、價格因而扭曲,台電動輒用調漲電價恐嚇人民及企業。為避免不必要的浪費以及讓能源產業健全發展,應由發電技術到能源配置均朝向自由化趨勢發展,徹底檢討發電產業,如此,可節省輸配電的損失,台灣也才不會淪為被核電「綁架」的犧牲者。

追求電力零成長

　　現今政府常以「追求電力零成長可能導致經濟零成長」恐嚇人民。但反觀世界各先進國家,在2000至2010年間,丹麥、瑞典、英國、德國、日本等國,在能源稅與制定提升工業能源效率規範配套政策的規劃與執行下,均已達成電力需求「零成長」,且經濟仍持續發展,台灣政府反而對於世界各國核電政策的劇烈變化充耳不聞,刻意營造「國際社會仍大力擁抱核電」、「用電零成長將影響經濟發展」的迷思。對於台電這項說法最好的反例就是,核電占總電力八成的法國,在2012年二

月因酷寒天氣導致暖氣供電吃緊，因而緊急買入約7％的電力，其中就有將近四分之一來自走向非核的德國。

事實上若根據政府說法，台灣每年的用電成長率為3％，2025年全台灣用電量將比目前增加48％以上，相當於5.2座核四廠的發電量，台灣就算蓋再多電廠也跟不上政府預估的成長速度。雖然根據統計，台灣人平均每人每年的用電量將近1萬度，超越日本、韓國，是亞洲第一，台灣的人均用電量相較其他各國為高，但這只是數字上的迷思。事實上，台灣的電三分之二用在工業，民生用電只占三分之一。政府時常以限電為由恐嚇民眾，迫使民眾屈就核電，然而事實是，怠惰又只思經濟成長的政府不斷補貼高耗能產業，不去調整產業結構，用電量才會如此居高不下。

而真正要擺脫核電的作為是藉由政策提升能源效率標準、能源稅應如期開徵、產業結構持續向上調整等，這才能夠讓台灣的產業升級，讓用電逐漸邁向零成長，儘早達成非核家園和國家溫室氣體減量兩大目標。就這點而言，與各國相較，台灣的能源效率還有相當大的進步空間，藉由上述各種手段，絕對是可以達到兼顧經濟發展及電力需求零成長之目標。

遠離核能，才能永保安康

核能發電就像消費券一樣，向未來借來用，遲早要還……

　　廢核本身是一條非常艱鉅的道路，如同吸了鴉片的人要戒毒一般，但這是身為核能使用國家的國民，必須要挺起肩膀承擔的共業。台灣的核能發電廠，經國際間判定為最危險的核電廠，所以廢核行動更是當務之急，莫待核能事故發生後，才圖思後悔，到時已為之過晚。從上面十大理由看來，我們可以了解到，反核對台灣的居民而言，總合為下述五大結論，絕對勢在必行：

一、遠離核能才有零風險的未來。

二、遠離核能才能避免國人成為政治黑箱作業的犧牲者。

三、遠離核能才能免於落入「前人砍樹，後人遭殃」的世代不
　　正義。

四、遠離核能才不會繼續破壞自然環境。

五、遠離核能我們才能看見更優質的選項、擁有更美好的明
　　天。

　　由於台灣對核能的依賴度尚淺，廢核相對來說，並不困難。況且事實上，每個危機就是轉機，廢除核電廠，轉以發展綠色能源，除了能夠改善環境之外，還能夠帶來其他的好處，德國就把廢核當正向的資源來運用，因為發展綠能創造新產業及聘雇職缺，2004年增加了16萬個工作機會，至今則高達37萬個，甚至更預計2050年直逼100萬個，每年增加僱用職缺12％；而澳洲也因生化能源增加15％的職缺。帶給了當地年輕人希望，好處也才不會只停留在少數跟核電相關的特定利益既得者手裡。

　　隨著資訊的發達，台灣人民面對這麼一個嚴重且切身相關的議題，已經愈來愈能夠朝向多面向的思考，不只看重經濟發展，何況長期來看，核能這宛如鴉片一般的東西，並未能帶來更高效率的使用能源。站在擁抱核能或與其說分手的十字路口上，我們必須思考的更多，因為這項公共建設議題，不只是如同捷運、高速公路或高鐵般的投資，其所造成的負面外部效應是我們的子子孫孫都必須嚴肅面對與處理的問題。

　　在了解到核四興建與否的重要性後，希望台灣人在此類公共議題上能夠提高參與度，當我們在決定投下核四公投的那一張票時，能夠多思考長期的影響因素，對土地和生存的家園多付出一份關心，也能多考慮到下一代環境正義的問題。不論支持續建核四與否，國人能在一個理性且公正的平台上對話，藉由更多資訊的嶄露，讓國內的公民更能夠了解投下這一票的意義。讓我們一起決定我們的未來，一起相信台灣人民的決定、相信我們未來一定會有更美好的生活環境。台灣，加油！

Part 2

擁核篇

核能是什麼？核能發電真的高風險？福島核災後，為什麼還有這麼多國家仍然繼續興建核電廠？聽說核能最環保？少了核能，電還夠用嗎？核四究竟安不安全？不蓋核四，會有什麼影響？我們對核能，還有哪些迷思呢？為什麼台灣非「核」不可呢？

Opposition to nuclear energy is based on *irrational fear* fed by Hollywood-style fiction.

引言

「擁核四」不等於「擁核」！

「反核四」與「反核」也有很大的差別，唯有了解到這一點，才知道自己將會做什麼樣的決定。

　　福島核災已逾兩年，立法院與政府相關部門也要舉辦核四的公投，一場關於「反核」與「擁核」的重大爭辯蓄勢待發。在這決定台灣未來民生、經濟等走向的關鍵時刻，每一位民眾都有必要理解，「核能」究竟是個什麼東西，千萬不要盲目地「反核」或「反核四」。

　　首先，我們要強調，諸多人士所謂之「反核」，所反對的並非是「核能」，而是「核四」的續建，也就是位於新北市貢寮區的龍門核能發電廠。這座核電廠自從計畫興建以來已四十多個年頭，期間歷經二次政權交替，以及多次停復工，爭議未曾間斷過。也因此，在台灣提起「反核」，通常指「反核四」，而「反核四」與「反核」兩個口號，則擁有完全不同的意義。這是什麼意思？在台灣，或許有人支持安全的核能，認同核能是既乾淨且便宜的能源，但未必贊同核四廠的興建，質

136

疑它的安全性以及是否確有必要；另一方面，也有人認為能源不足的台灣短期內確實需要核四廠的發電量，但長期來看，並不認同核能是個適宜永續發展的能源。所以，「反核四」與「反核」兩件事首先要釐清！

　　核四議題之所以經常被獨立在核能這個大議題之外，是因為它的興建背景相當特殊，且它的興建是否有必要，是否值得投注這麼大的代價，也因為台灣特殊的時空環境而變得充滿爭議。我們在此列舉出核能的好處，希望讀者仔細想想，你是「反核」，還是「反核四」；是「擁核」，還是「擁核四」呢？

核能是什麼？

　　首先來介紹一下核能的發展歷史。十九世紀末到二十世紀初，放射性物質「鈾」、「釙」與「鐳」相繼被發現，科學家對這些元素的輻射現象感到相當好奇，並思考是否有可能將這種現象應用於實際生活中，然而，由於放射性元素高能量釋放、半衰期短的特性，這些構想遲遲無法實現。到了三〇年代，情況終於有所改觀，英國物理學家詹姆士‧查兌克（James Chadwick）在實驗中發現原子核中的「中子」，中子的發現不僅解釋了放射線存在的原因，也為科學家應用核能開闢了一條道路。

　　1938年，德國的科學家奧托‧哈恩（Otto Hann）等人在柏林製造出一個裝置，利用中子鈾原子核，發現了「核分裂」現象。這個實驗公諸於世後，美國、英國、法國、德國、蘇聯的

科學家紛紛向政府請願，要求支持核研究計畫。當時世界正上演著二次世界大戰，為了研發出高殺傷力的核子武器，前述諸國政府開始進行一番如火如荼的核能研究。1942年，美國展開了「曼哈頓計畫」，並順利製造出原子彈，廣島、長崎的兩朵蕈狀雲，首度讓世人見識到核能的巨大威力。

戰後的五○年代，科學家轉而嘗試將核能應用於民生發電， 1954年6月，世界第一個核電站在蘇聯的歐伯寧斯克開始運作，1956年英國雪菲爾德建立第一個用於商業營運的核反應爐，1957年「國際原子能機構（IAEA）」在維也納成立，正式宣告全球的電力發展進入了核能時代。

從此，地表上的核反應爐功率迅速飆升，從六○年代不到1GW猛增至七○年代的100GW，八○年代又升至300GW。直到八○年代後，核反應爐的發展趨於緩和，這是因為建造核電廠往往需要鉅額費用，以及當時化石燃料價格的下跌，以至於核電變得不再那麼吸引人；同時，1979年美國發生了三哩島核洩漏事故，1986年蘇聯烏克蘭更發生史上最嚴重的車諾比核災，自此，核輻射對自然環境以及生物體造成的危害逐漸被廣泛認識，反核運動開始大肆興起。

然而，隨著核能技術的成熟，加上全球能源日益緊縮，核能的發展已是不可違抗的趨勢，即使是在2011年福島核災後曾計畫完全廢核的日本，新任首相安倍晉三也宣布：「政府會在安全無虞的情況下，重新啟動核能發電。」畢竟，在地球能源即將耗竭、再生能源的技術未臻成熟的當下，「零核電」的理想其實是很難實現的。

在核能應用於民生發電的六十年後，核子反應爐早已遍布全球。在世界最大的核能發電國——美國國內，核能占了消耗電能的19.3％，在韓國占了29.9％，英國16.4％，即使宣稱要廢核的日本與德國，核能發電也占了19.5％與11.6％，而整個歐盟的30％用電都來自核能。最仰賴核能的法國（同時也是世界第二大核能發電國），則有75.9％的用電是取自核反應爐，除能自給自足外，還能用於外銷，光是賣「電」就能讓法國年賺30億歐元，是所有輸出品項產值中的第四名，法國也是當今世上在核技術與相關法令上最為成熟的國家。

目前全球共有437個發電用核反應爐，供應372GW的電力，根據國際能源總署在2012年的統計資料，這些核反應爐的發電量占全球總電力的5.7％，占經濟合作發展組織（OECD）使用電力的10.2％，並有逐年上升的跡象。中國如今有二十幾座核電廠正在建造中，美國將近一半的核反應爐使用年限將延長至六十年，並計畫增建新的核電廠，而英國、法國、荷蘭、加拿大等國家也都選擇支持核能。

那麼，核能發電究竟有什麼好處，讓這些先進國家在福島核災後，仍不離不棄地使用它呢？

世界上的能源型式

在敘述核能發電的優點之前，我先大致列舉出當今世上除了核原料之外的各種發電來源，以方便讀者比較各者之間的優劣。一般來說，全球的能源產生途徑，可簡單分類如下：

一、化石燃料：

　　包含煤炭、石油、天然氣等以碳氫化合物與衍生物構成的天然資源，這也是目前世界上使用量最大的一個項目，占全球能源使用的絕大部分。化石燃料的發電原理就是傳統的火力發電，舊式的發電方式是蒸氣機，利用燃燒燃料產生熱能，再用熱能生成水蒸氣，從而推動渦輪機產生動力；現今的火力發電大多採用燃氣渦輪引擎，直接利用燃氣推動渦輪機。

　　煤炭是最為廉價的化石燃料，但由於高度污染以及開採安全等問題，數十年來停用的呼聲高漲，未來的趨勢為石油與天然氣，石油除了生產能源之外，石化工業的副產品還能帶來巨大的經濟效益，因此在全球的使用量極高，是被視為「黑金」般珍貴的資源，但也因使用量龐大，地殼蘊含量有限，專家估計石油含量在四十年後就會枯竭。另一方面，燃燒化石燃料產生的廢氣會加速溫室效應，這也正是當今世界苦心尋找替代能源的主因之一。

　　2012年以來，美國在「油頁岩」的開採技術上有了重大突破，已能獨力開採，所謂的油頁岩，也就是石油跟岩石的混合物，雖然英國、中國、俄國、南美洲、歐洲等地都有油頁岩，但時到今日，只有美國研發出低成本的開採技術。而石油又是美國的戰略物資，美國願不願意出口還是個未知數。除此之外，開採過程會污染地下水，更有可能引發地震，而當油氣混入地下水後，水會變成可燃燒，無法接觸皮膚，生物飲用更會死亡或產生諸多問題，讓油頁岩未來能否成為石油的替代能源，充滿了各種變數。

二、再生能源：

在「環境保護」觀點的出發下，關於再生能源的研究應運而生。再生能源包含太陽能、潮汐能、風能、地熱能、生質能（例如燃燒植物產生的熱能）等來自大自然的能源，由於是取之不盡、用之不竭的能源，因此在七〇年代的石油危機後，迅速受到世人的高度關注。

科學家曾計算過，若是將這些再生能源完全利用的話，單單是太陽光就可以滿足全世界2,850倍的能源需求，風能可滿足全世界200倍的能源需求，生質能可以滿足全世界20倍的能源，水力可以滿足全世界3倍的能源，地熱能可滿足全世界5倍的能源需求。如此驚人的發電潛力，加上它們可無限使用的性質，因此，若是能夠掌握發電技術，再生能源將會是人類未來仰仗的最大能源。

然而，除了技術的不足之外，再生能源的使用也大幅受限於時間、地形、位置、成本等因素，以至於現今人類實際使用的再生能源遠低於上述可被開發的潛力。全球的水力發電占總發電量的2.3％，而生物能、風能、太陽能、地熱能等加起來的發電量只有0.9％。在再生能源的使用上，人類還有好長一段路要走。

三、生物燃料：

生物燃料是一種新興的燃料，是指由生物質組成或萃取固體、液體或氣體，作為燃料，所謂的生物質是指有機活體或者有機活體新陳代謝的產物，例如稻草、麥梗、稻糠、木材、糞便、廢水和廚餘等，從中可提煉出生質柴油、甲醇、乙醇、甲烷，甚至氫燃料。就像樹砍掉還會再長出來一樣，生物燃料不

同於石油、煤炭、核能等傳統燃料，它們也是再生能源的一種。

在全球各地都有專門培植作為生物燃料原料的作物，例如在美國出產的玉米和黃豆，歐洲的亞麻籽和油菜籽，巴西的甘蔗，東南亞的椰子油，以及一般家庭便可製造出的糞便和廚餘等。還有部分科學家正在研究以藻類或藍菌（藍綠藻）生產生物燃料的技術。大麻也是一種不錯的原料，但必須面對法律方面的問題。近年又有巨皇草（Giant King Grass）的研究，巨皇草隨處可種、收成快、體積大，5噸的巨皇草燃燒可以取代3噸的煤炭，而且不必經過複雜的提煉，只需簡單加工便可直接燃燒，即使是在經濟、科技較不發達的地區亦可使用，因此已被列為尖端生物燃料能源措施之一。

現在，就讓我們一同來分析核能凌駕於這些傳統、新興能源之處，讓讀者明白，核四為什麼應完工發電，它究竟有什麼不可取代之處。

擁核理由 *1*

能源效率最佳

$E=mc^2$是今世無可匹敵的能量轉換公式,目前只有核能發電可以落實!

提到核能,人們第一個會聯想到的就是它的高效率,在愛因斯坦的黃金公式$E=mc^2$加持下,核能似乎比火力、太陽能、地熱等利用熱能發電的方式來得更有效率許多。

首先,讀者必須先對「核能」一詞有個基本的概念,核能是什麼?它有什麼好處?又有什麼壞處呢?

能量威力驚人的核電

核能,英語為Nuclear power,也稱為原子能,它利用可控核反應來獲取能量,並進一步轉化為動力、熱量和電能。核反應可分為「核融合」與「核分裂」,理論上以「核融合」方式發電較為理想,例如太陽表面產生能量的型式就是「核融合」;相較於「核分裂」,它的原料極易取得(可直接取自海水)、成本較低、產生的核廢料半衰期極短、安全性也更高。

　　然而，人類目前掌握的「核融合」技術尚不足以用於發電，因此「核分裂」仍是現今全球核電廠所使用的方式（前陣子，美國有位天才少年Taylor Wilson在自家車庫成功製造出核融合反應爐，但發電效率仍低，尚在研究階段），加上核輻射問題至今仍無解，使得現今的核能發電技術有著巨大的缺陷。

　　一般來說，核能發電的原料為鈾-235（U-235）或鈽-239（Pu-239）。至於發電原理，以鈾-235為例，當鈾-235的原子核經中子撞擊後，它會分裂成為兩個較輕的原子（例如Kr-92與Ba-141），同時釋放出數個中子。而這些被釋放的中子會再去撞擊其他的原子核，形成一系列的「連鎖反應」而自發分裂。在這樣的過程中，核原料本身的質量會有所損失，而這些損失的質量將以能量的方式釋放出來，這也就是核能發電的原理。

　　1905年，愛因斯坦發表了著名的「狹義相對論」，並介紹了偉大的「質能轉換公式」$E=mc^2$，可以說明核分裂反應中產生的巨大能量。公式中，E代表能量，m代表質量，c是光速（也就是每秒30萬公里）。舉例來說，假如有1公斤（kg）的鈾-235質量逸失，它產生的熱量將高達9×10^{16}焦耳（Joule），相當於2.14×10^{13}大卡，理論上足以使整個石門水庫的水溫上升70℃！這也就能解釋為什麼第二次世界大戰時，小小的原子彈竟能為廣島、長崎帶來如此巨大的死傷，可想而知，若是將這種能量用於發電，將會有多麼驚人的效益。

核能沒有其他發電方式的侷限性

　　在其他的發電方式中，水力、潮汐、風力發電是直接將

動能轉化為電能，效率較高，水力與潮汐發電的發電效率（electricity generation efficiency）可達到90％，風力發電可達到35％，太陽能則只有15％，無論這些發電方式效率如何，它們卻面臨著時間、空間的限制。以風力發電為例，台灣地狹人稠，地形又以山地居多，欠缺可供設立發電廠的土地，風量也不穩定，根據估計，目前全球的風力發電廠發電總量，只占了總發電量的1％左右，而即使將全球風力發電的這1％全部分配給台灣，也不夠台灣的2,300萬人使用。

潮汐發電與洋流發電也只能建造在岸邊和近海處，而且必須考慮颱風的損害、海水對設備的腐蝕性，以及發電為海洋生態帶來的危害，光就防銹蝕的技術，全世界就只有美國和俄羅斯二國掌握，而且歸類於軍用的高階機密技術，根本太不可能取得。

正由於再生能源有著這些不易克服之處，一切還有賴科學家努力想出解決之道。

火力發電是當今世上最主流的發電方式，在發電過程中，能量先以熱能的型式產生，再成為動能，接著轉化為電能。但在物理學上，一旦經過「熱能」這一個階段，能量就不可能達到100％轉換，必然會有所損失（熱力學第二定律）。只不過，與水力風力相反的是，火力發電廠的發電效能幾乎不受天候、時間、位置的影響，這也是人類選擇它們的最大原因。

核能發電也是利用同樣的原理，經由核分裂反應產生的熱能，將水轉化為蒸汽，再推動汽輪發電機達到發電的效果。台灣的核電廠分為兩種，核一、二、四廠是「沸水式」，核三廠

是「壓水式」。沸水式是利用核能直接將水加熱為蒸汽，壓水式則在加熱水的同時施以高壓，讓水溫遠遠超過100℃卻不沸騰，再用這些熱水加熱第二套管路中的水，讓第二套管路中的水變成蒸汽。由於壓水式發電機多一套迴路，多出一道屏障，但也提高了製造成本，並且第二次的熱交換，也會造成另一次能量損失；至於沸水式發電機，由於是用核能直接加熱的水，會和核燃料接觸，帶有放射性物質，再用這些蒸汽推動汽輪，會造成汽輪發電機較多部位受到放射性污染，後續也需要多一次處理。因此兩者的發電效率難以分出高下，唯一確定的是，兩者的發電效率都略輸於火力發電，火力發電的發電效率有35％至40％，核能則是36％，因為核燃料放出的能量，大約只有三分之一順利轉化為電能。剩餘的廢熱則自排放口排出，迅速與海水稀釋降溫。

在科學的理論上，蒸汽溫度愈高，在轉換成動能（推動汽輪）的過程中，能量損耗會愈少。和火力發電相比，核能發電的蒸汽溫度較低（不到300℃），因為愈高溫的蒸汽，造成的壓力也愈大。核能發電的設備出於安全考量，不能適用過高溫的蒸汽，若要提升結構強度，又必須增加更多經費，也就是說，安全性與發電效率兩者之間的衝突與抵換（trade off），正是造成核電效益不如預期的原因。

然而，我們不能因此忽略了核能發電的潛力，光是現今的核能發電，輸出能量（發電量）就高達輸入能量（發電過程中投入的能量）的40至60倍，台電的核電廠營運積效在2001年時更高達世界第二。而以耗費的原料來看，1噸的煤可以產生

2,070度的電，1桶原油可以產生580度的電，一立方公尺的天然氣可以產生0.1度的電，一粒芝麻大小的核燃料粒子即能產生2,044度電，由此就能看出差異性有多麼巨大。

再者，隨著科技對核能的掌握漸趨成熟，針對安全性與發電效率的改良與日俱進，根據中華民國核能協會的報告指出，目前世上針對「第四代核分裂反應器」的研究正積極進行中，一旦研發完畢，可望讓未來的核能發電效率再提升30％至70％，屆時將完全超越火力發電，成為再生能源普及前最有效率的發電方式。

擁核理由 *2*

東拼西湊，就一定不安全嗎？

台北捷運、台灣高鐵，哪一個不是如此？

　　反對核四的一派主要的質疑正是它的安全性，2000年，因政黨輪替造成核四停工，此事造成台電與核四設計商美國奇異（GE）公司發生合約糾紛，最後奇異公司決定撤離，核四後續設計由台電自行接手。為了解決系統介面問題，台電自行變更原廠設計項目1,500多項，除了主要機組仍延用奇異、東芝、三菱等公司的產品外，各項零組件皆外包給多家廠商。這也使得核四多年來被人指為拼裝車，並為它的安全性大為憂心。

　　但若翻開台灣的工程史，我們會發現，近年來的多項重大建設皆是混用二國以上的設計，並同時委託多家廠商生產零組件，由台灣技術人員與國外顧問自行拼裝製成。最顯著的例子就是營運多年的台北捷運，以及2007年通車的台灣高鐵、2008年通車的台鐵太魯閣號等皆為先例。

台灣的驕傲──高鐵就是多國合作

　　台灣高鐵於1999年開始動工，起初規劃採用歐洲高鐵的規格，由法國TGV公司和德國ICE公司合造，但後來因為種種原因（據說是親日層峰介入），台灣高鐵公司又決定將核心機電採購由歐洲系統轉向日本新幹線系統，改由日本的TSC公司負責，JR東海公司提供技術支援。儘管列車與核心系統改用日本規格，但許多細部設計以及機電、號誌仍維持歐美規格，這樣的設計在當時引發了一陣嘩然，國內學者與媒體紛紛指出高鐵設計上的瑕疵與疑慮，連日本JR東海的顧問也一度公開表示「不願負責高鐵的安全性」。

　　2006年底，高鐵終於完工，並於隔年初正式通車。短短幾個月，載客量就衝破500萬，並在當年度達到1,500萬人次，準點率99.47％，乘客滿意度74％的營運成績。2010年8月，高鐵累積載客量突破1億人次，當月又在雪梨的亞洲土木工程聯盟（ACECE）大會中，奪得傑出土木工程計畫獎首獎。2012年12月，高鐵的載客量已突破2億人次，人數更逐年上升，如今，它已是台灣西部不可或缺的一條運輸系統。營運六年來，除了數次人為疏失外，各國專家在通車前預估的各項安全疑慮則一次也未成真過。

台北捷運也是東拼西湊！

　　2009年，台北捷運的「文湖線」正式通車。文湖線由原先的木柵線與之後新建的內湖線組成，由於木柵線是採用法

國馬特拉公司（Matra）製造的VAL256電聯車系統，馬特拉公司已被德國西門子（SIEMENS）公司併購，又因馬特拉公司原本就與台北捷運有糾紛，使得木柵線列車必須由台灣方自行維修管理，而後來興建內湖線時，又改採加拿大龐巴迪（Bombardier）公司的CITYFLO650控制系統，進行全線更新。通車初，列車確曾發生數次故障，被人戲稱為「柵湖（詐胡）線」，當時捷運公司將原馬特拉系統的列車進廠保養，僅留下龐巴迪列車，總算恢復穩定。但在五個月後，馬特拉車廂又重新加入營運，至今亦未再發生重大事故。

專業分工是高科技的象徵

現代科技的發展，無論大小型的整合性設備系統均由各具專精的廠商分製組件後加以整合，以波音公司最新787客機為例，整架飛機的引擎、翼盒、起落架各零件，就是由50個不同的各國廠家負責製造。一個規模龐大的國家工程受到技術、政治力等因素介入更是如此，要由同一間製造商生產所有零件幾乎是不可能的事。然而，「科技始終來自於人性」，台灣已有了高鐵、捷運等傑出範例，足以說明國內擁有足夠的技術，能藉由不斷測試、改良，逐步磨合大部分的問題。

而小至手機等電子類的3C產品也清一色是拼裝產物。例如誕生在美國的蘋果iPhone手機，就將零件發包給全球各大代工廠。由於我國正好是世上最大的晶圓生產國，台積電、聯電、日月光、矽品、力成等大廠皆涉及了iPhone的零件生產，所有零件最後再由位於深圳的富士康公司進行組裝。在這一台小小

的iPhone中，就融合了來自中、台、韓等各國的「血肉」，何況是大如飛機、發電廠之類的巨型機械呢？

　　世界上沒有百分之百安全的發電廠，但台電公司已經具有成功經營核一、二、三廠的經驗，它的技術團隊對於核電的管理與安全措施早已有一定的經驗，核四廠的建立完全依據核能品保方案及相關美國法規設計、檢驗、試運轉測試，以確保所有符合安全功能，美國南德州的核電人員就曾來核四工地深入觀摩考察，對核四的安全設施之印象深刻。他們與台電也都願意保證，在無數專業人員的評估下，必將能確保核四廠的安全與穩定運作。

擁核理由 3

我們必須打破迷思！

在所有的發電方式當中，核電其實最安全！

　　首先，必須提醒讀者的是，核能對人體的危害，必須是在輻射「外洩」的前提之下才會成立，也就是像福島核災的反應爐爐心熔毀，或是核廢料處理不慎的情況下，若是沒有發生上述意外，核能基本上是安全無虞的。以1986年的車諾比事件為例，這是全球核子發展史上最嚴重的一次核災，共造成9萬3,000人的死傷，60萬人健康遭到危害。但若深入探討，這一次闖禍的反應爐是一種名為「壓力管式石墨慢化沸水反應爐」的型號，它由蘇聯研發於1950年代，是當今世上最為落後、最不安全的核反應設施之一，甚至沒有大部分核子反應爐應有的「圍阻體」，在事故發生的時候用來阻擋輻射外洩，因此，早在車諾比事件發生前的三十年，美國境內的反應爐就早已比它來得安全得多了。

確保核安的六道防線

　　一個反應爐設有許多道安全防線，作為核燃料的放射性物質會被置於層層防護屏障中，與外界完全隔絕。第一道防線是燃料丸（fuel pellet），這是高溫燒結的陶瓷固體，質地緻密堅硬，還可以承受2,000℃以上的高溫。核分裂反應就發生在這個燃料丸內，由於絕大部分放射性物質的位移距離極短，因此幾乎都滯留在燃料丸內，只有極少量的惰性氣體和碘會藉著擴散作用逸散。

　　第二道防線是燃料棒（fuel rod）。將燃料丸裝入鋯合金燃料護套，即成為燃料棒，它可以承受高溫高壓的環境，一般來說護套破損的機率小於百萬分之一。只要護套不破裂，溢出燃料丸的放射性氣體及碘就可以完全有效的被阻滯在內。

　　第三道防線是反應度先天穩定設計。反應度是衡量反應器設計安全非常重要的參數。國內的反應器就規定必須設計成負的反應度，所以系統溫度、壓力升高時，會自動抑制反應進行，例如「水盡火熄」，這也正是與車諾比核電廠的不同之處，根據車諾比核電廠的設計，當系統溫度與壓力升高時，反應反而會更加迅速、更加難以控制，就像「火上加油」一般，愈來愈惡化，此種悲劇在今天的核能科技下已不可能再發生！

　　第四道防線是反應器控制系統。保護反應器是維護電廠安全最重要的手段，包括控制棒（control rod）與備用硼液控制系統（standby boron liquid control system）。一旦反應器的狀態異常，系統立刻會自動停機（也就是「跳機」），並在1.5秒內停

止核反應。而若控制棒故障，還有硼液控制系統作為後備，必要的時刻，數十噸高濃度的硼液會自動注入反應器，將核反應瞬間終止。

第五道防禦是厚實的反應器壓力槽（reactor pressure vessel）。核反應器是個厚達30公分、重達1,000噸的高強度金屬容器。當放射性物質從燃料棒洩漏出來，將被侷限在密閉的反應器內，除非發生類似日本福島極為嚴重的事故，否則放射性物質絕對不會洩漏到系統之外。

第六道防線是緊急爐心冷卻系統（emergency core cooling system）。一般來說，反應器水位會一直被保持在固定高度，防止反應器「乾燒」而傷及燃料。因此在嚴重事故時，保持水位是最重要的行動。我國核電廠都有三套九迴路的緊急爐心冷卻系統，這些系統視反應器壓力啟動，只要有一個迴路把水注入反應器，系統就安全無虞。

足以承受恐怖攻擊的圍阻體

而若是這六道防線都無法扼止輻射，在反應爐外還有最後一道保險——圍阻體（containment building），圍阻體是防止放射性物質外洩最重要的外層防線，它由超過2公尺厚的強化鋼筋混凝土構成，把反應器及密閉冷卻水循環系統通通納入它的防護範圍。任何自反應器或冷卻水系統釋出之放射性物質，均無法釋放到外界環境，就像一層銅牆鐵壁一般包覆在外。車諾比核電廠就是因為沒有圍阻體的設計，所以核災發生當時放射性物質隨火勢直衝雲霄，造成大面積污染。反觀美國三哩島核

事故（Three Mile Island accident）的結果就完全不同，儘管有20％核燃料受到損毀，卻因為圍阻體發揮功能，幾乎沒有放射性物質外釋到環境中。根據美國核管會在九一一事件後對核反應爐和核廢料貯藏設施強度大量測試提出的報告，這些現有的核子保護設施足以承受與九一一襲擊事件規模大致相等的恐怖襲擊，也就是說，即使是飛機高速衝撞核反應爐，也撞不破圍阻體，因此台灣於2013年四月下旬舉辦的電視辯論會中，贊成核四續建方所提的「防飛機撞擊」一說絕非信口雌黃，而是有憑有據的！

現代核能科技使核安滴水不漏

核能發電技術發展至今已七十年，期間歷經數次的核災害，這讓現今的核電廠在安全性的設計上都已臻成熟。核電廠在系統上有幾大「設計準則」，分別是「多重性」、「多樣性」、「分散布置」、「可測試性」、「失靈安全」。

所謂的「多重性」，是指用多套相同系統或組件來完成相同的功能，因此核能電廠中與安全相關之重要的管閥、幫浦、熱交換器，甚至電氣、儀控系統等都配備至少有兩套以上。即使其中一套發生故障，也至少還有另外一套以上的設備可供使用。

「多樣性」原則是以不同的系統、組件，或手段措施來達成相同的功能。若一個核電廠內使用多套相同系統，在意外發生時，就有可能因為同一個因素，使得所有系統一起失靈。「多樣性」原則正是為了預防這一點，就像是旅行時，同時攜

帶信用卡、旅行支票與現金一樣。

「分散布置」是指核能電廠各項設施的分布位置，將重要設備分別安置在不同場所，就能避免火災或其他意外事故同時毀壞重要設備，危害反應器的安全。

「可測試性」指在設計上，要求所有的安全系統在不影響機組正常運轉的條件下，可以進行功能測試。一個核電廠中設有多重多樣的安全系統，一般來說，它們在反應爐正常運轉時並不起作用，但為了確保它運作正常，必要時必須能夠經得起測試。

「失靈安全」指系統的組件發生故障時，只會影響到核能電廠的持續運轉，但不會威脅到電廠的安全。這一項設計準則適用於核能電廠所有的系統，包括正常運轉所需的系統，以及與安全相關的系統。以汽車煞車來比喻的話，煞車是依靠機械裝置將車輪固定，使輪子無法轉動而停車；但要是忽然將輪子夾住，車子仍然會滑行打轉，如果是在雨天或雪地，則滑行的距離會更遠，打滑也會更嚴重。因此有所謂「ABS」防鎖死煞車的設計，也就是利用特殊的控制方法，在駕駛人猛踩煞車時，讓煞車的機械裝置不會立即將車輪夾死，而是自動採取一鬆一緊的方式，逐步使輪子停止轉動。所謂的失靈安全，就是好比ABS裝置失效時，至少還有煞車能將輪子夾住，雖然車子還是會繼續滑行，但遲早會停下來，而非繼續地失控。

以上五點是所有核能電廠的安全系統設計上的準則，因為這些設計的特性，使得核能電廠發生的事故的機率降到非常低，而為了使安全系統更安全更不容易發生故障，新的電廠將

朝向「被動安全」的方向設計。被動安全即利用大自然的基本現象來設計安全設施，例如，冷卻水流失事故發生後，可以不用透過電力幫浦將冷卻水打入反應器內，而是直接靠重力將冷卻水由高處灌入反應器，如此減低系統故障的機率。又或是圍阻體內的散熱，也可以透過設計，使空氣發生自然對流帶走圍阻體內的熱量。

　　全球目前運轉中的439部核電機組中，絕大多數屬於第二代核反應器（包括我國的核一、核二、核三廠），九〇年代中期後，考量到未來的核能安全，又有了第三代核反應爐的誕生，但當時全球核能發展陷入低迷，因此並未達到普及。目前日本、法國、芬蘭等國家已陸續引進第三代反應器，並成功運行，中國大陸目前新建的多座核電廠以及台灣的核四也屬於第三代，未來全球新建的核電機組，基本上都以安全性考量最高的第三代為主。

　　第四代核反應器預計將在數十年後問世，以提供2040年代以後的大規模核能時代，它將比第三代更加保險，除了將核能產氫與海水淡化列入研發考量，亦要求能有效防止核武器的擴散，適當減少高階核廢料的產出。根據目前的設計構想，第四代核反應器擁有多項先進、易於掌控的最新科技，包括三套緊急情況下的柴油發電機和附加的緊急核心冷卻系統，在反應爐堆芯上方還配備了裝滿冷卻劑的大水箱，可以在需要的時候自動打開，將冷卻劑傾入堆芯，除此之外還有諸多的防護措施，都能確保將核能發電的風險降至最低。與現今的核電廠相比，它的事故發生機率會降低至少30倍，效率提升30％至70％，建

造成本與生出的廢料則只有三分之一至二分之一。

台灣的核電廠有多道保證與多年經驗

台灣的歷座核電廠在選址時都考量了地質、耐震及斷層等條件，並以耐震設計為主要考量。以核三廠為例，它的耐震強度可抵抗規模7的地震。而反應爐的各項設計也以耐震為考量，控制棒具有安全急停功能，能使機組安全停機。新式的核電廠設計更加安全，裝有強震急停裝置，當地震強度達到約OBE（運轉基準地震）時，機組就會提前自動急停。而燃料池設計為抗震1級的鋼筋水泥結構並內襯鋼板，地震時可確保燃料池內的燃料完整及冷卻。

核四廠採用高安全標準機組設計，屬於最先進的第三代核反應器，安全設計皆由美國核管會認證，國際上已有四部同型機完工商轉，而反應爐爐內泵採先進設計，有三串安全系統較傳統核電廠多一串，並配備七台緊急柴油發電機，安全數位儀控系統採環狀雙迴路四串設計，並設有獨立備用手動操作開關，將可確定機組安全運轉。核四廠的廠址更是依美國相關法規，在廠址320公里範圍內，由地質專門機構長時間嚴謹評估地震資料，並調查斷層分布及活動特性，證實廠址附近並無活動斷層。後經中華民國地質學會、國立中央大學及中央地質調查所等單位，再次確認周遭並無活動斷層後，才終於敲定。

在發生意外的福島核電廠設計中，核心停機後，必須仰賴外部電源或柴油發電機驅動高壓泵，供應緊急冷卻水，但在遭遇九級地震和海嘯切斷供電後，出現了冷卻水無法進入爐心的

困境。科學家研究，若以洩壓控制閥將原子爐壓力放掉，再以防水的發電機將預貯的冷卻水灌入，靠自然對流散熱，即可至少維持三、四天無慮。目前世界各國的大部分核電廠皆可以輕易作到這樣的補強，我國的核一、二、三廠也包含在內，將可確保發生類似日本三一一的大地震時核能輻射不致外洩。

　　台電經營核電廠已有三十年以上的經驗，在各項管理、運作上皆已有成熟技術，在2011年世界核能發電協會（WANO）的評比中，關於核能安全的幾項重要指標，例如機組能力因數(代表機組發電績效)、臨界七千小時非計畫自動急停（代表機組跳機指標）、安全系統績效（機組安全指標）、燃料可靠度等，台電的平均值皆名列前茅。事實上，任何型式的發電方法都具有風險，尤其人為疏失更是不可預期的一項因素，但與其他的發電廠相較，核能的確是最為安全的。

 核能小辭典

◆OBE：運轉基準地震（Operating Basis Earthquake），一般取SSE的50％或50％以上作為OBE，指電廠在運轉期間所可能遭受的地震而影響電廠之正常運轉者。

◆SSE：安全停機地震（Safe Shutdown Earthquake），根據地質、地震及地層特性，在結構物周圍所可能發生的最大地震。超過SSE時，必須關機停止使用、待檢查無安全顧慮時方可再度開機使用。

擁核理由 *4*

核電風險最小

對人類平均壽命影響最小的發電方式正是核能發電！

　　國內外反對核能的聲浪，多半都是出於人命安全的考量（核廢料污染當然也在此考量之內），在2011年的福島核災之後，這樣的呼聲又與日俱增。的確，核能對人類來說好比是一柄雙面刃，一方面，它能產生強大的發電效率，為人類生活帶來便利性；另一方面，它的輻射性又足以致人於死，為人類身處的環境帶來極大的不安定性。

面對核能風險極低的事實

　　我們暫時拋開原子彈的可怕威力和核廢料的輻射這些刻板印象，看看美國核能管理委員會委託學者專家群做的安全調查。在這項調查中，突顯出核能電廠的安全度遠遠超越其他人為及天然意外事故，平均每一座核能電廠發生事故造成死亡的機率，就和彗星撞擊地表造成傷亡的機率一樣低。而若與生活中的各項事故和習慣對生命造成的危害相比，則有如下結果：

原因	壽命平均減少（天）	是核電廠附近居民的幾倍
抽菸	2,250	112,500
心血管疾病	2,100	105,000
煤礦工人	1,100	55,000
癌症	980	49,000
中風	520	26,000
流行感冒	141	7,050
一般工安意外	74	3,700
X光檢查	6	300
住在核電廠附近	0.02	1

　　在1986年，美國核管會為了澄清民眾對核電安全的疑慮，經專家研究後，特別提出了《核電營運安全目標政策聲明》，其中包含兩項量化的健康指標：一、核電廠方圓一哩內的居民，因核子意外事故導致個人死亡之風險，不會超過其他意外事故造成的個人死亡風險總合的千分之一。二、核電廠方圓十哩內的居民，因核電廠營運所承受之罹癌風險，不會超過所有其他原因造成之罹癌風險的千分之一。根據統計，美國人每年罹患癌症的死亡率約為五百分之一，而死於意外事故的機率約為兩千分之一。經過一番換算後，必須保證核電廠的爐心損壞機率為一萬分之一以下，才能達到這樣的標準。但事實上，任何一個核能電廠的爐心熔毀機率都遠低於這個數字，這足以顯示出相對而言核電的確是相當安全的。

核電廠事故遠低於其他發電方式

除了核能本身的安全性以外，核電廠廠內的工作安全也是必須重視的課題。根據世界能源協會（World Energy Council）的統計資料指出，在1970至1992的二十二年間，全球共發生二次重大的核能事故，即1979年美國的三哩島事件與1986年蘇聯的車諾比事件，共有31人直接死於這些事故。然而，在此同期，卻有超過6,400人死於燃煤發電、10,200人死於燃油發電、3,500人死於燃氣發電，以及4,000人死於水力發電過程中的重大事故。尤其是，這些數字還不包括燃料開採、輸送過程中死傷的人命。據估計，如果一座與核四相同規模的天然氣發電廠營運一個月，將需要供應12到20萬噸的天然氣，這相當於100萬個家用瓦斯桶，試想，這100萬個瓦斯桶會為城市帶來多大的安全疑慮？

目前在核能電廠工作的人員，都受到嚴格的游離輻射防護相關法規加以管控；而核電廠都有規定的輻射劑量限度，任何時候都不能超過這個劑量，以保障工作人員的安全與健康。每一名新進人員進廠前都必須接受專業的訓練課程，並參加輻射防護課程且核安必須考試及格。核電廠另設有保健物理人員，依照國際輻射防護原則「ALARA（as low as reasonably achievable）」，為工作人員提供健康把關。因此絕對沒有輻射過量上的疑慮，根據測試，一個核電廠的員工一年吸收的輻射只有0.0005西弗。

核能是世界上最人道的能源

　　事實上,在電力生產的過程中,若使用其他化石燃料或水力,必須付出比核能更大的生命損失。美聯社引用了三個環保團體組成的聯盟進行的調查結果指出,在紐約州,每年有超過1,800人的死亡,是因為發電廠洩漏出的粉塵污染,導致健康受損,而紐約州排放污染最嚴重的21個發電廠當中,有11個是燃煤的火力發電廠,另外10個則是燃油或燃氣的火力發電廠!世界衛生組織(WHO)也統計過,因為燃燒發生的空氣污染,每年至少間接造成全球300萬人的死亡,致病者則不計其數。

　　美國國內近年又針對各種能源作出調查,下列表中舉出各類能源所造成之人類平均壽命的縮減。例如說,燃煤發電會嚴重污染空氣,因此每年平均造成11,000人罹患呼吸器官的疾病而死亡,與美國人的平均壽命相比,這些人因空氣污染造成的壽命縮減是10年,再除以全美的人口後,則得到每人平均壽命減短11.5天。

能源型態	每年死亡人數	平均年壽命損失	預期壽命縮減天數
煤炭(空氣污染)	11,000	10	11.5
煤炭(運輸意外)	300	35	1.0
石油(空氣污染)	2,000	10	2.2
石油(火災)	500	35	2.0
天然氣(空氣污染)	200	10	0.2
天然氣(爆炸意外)	100	35	0.4

天然氣（火災）	100	35	0.4
天然氣（窒息）	500	25	1.5
水力（水壩崩潰）	50	35	0.2
核能（放射性氣體）	8	20	0.018
核能（工安意外）	8	20	0.018
核能（運輸）	小於0.01	20	0
核能（廢料）	0.4	20	0.01
核能（鈽元素毒性）	<0.01	20	0
電擊致死	1,200	35	5.0
總計	15,966	—	24

　　根據這項統計，在美國的能源使用每年平均造成15,966人的死亡，並造成每一名美國人的壽命平均減少了24天，其中火力發電造成的死亡就占了92％，供電過程的意外占7.5％，核能對人類壽命的影響卻微乎其微。

擁核理由 **5**

目前核電無可取代

台灣發展再生能源的條件其實嚴重不足！

　　自從1998年世界84國簽署了《京都議定書》以來，減少二氧化碳排放量就一直是全球的趨勢，在這樣的情況下，歐美國家大多採用兩種方針，一為全力發展核能，一為發展再生能源，並逐年抑制火力發電所占的比例。

發展核能與再生能源相輔相成

　　法國、英國、瑞典、芬蘭、荷蘭、美國、加拿大等先進國家都強力支持核能發電，並在福島核災後仍維持一貫的能源政策。而丹麥、挪威、瑞士、葡萄牙、義大利、奧地利等國則傾力發展再生能源，丹麥近三十年來在風力發電上的成果顯著，已占全國發電量20％，更發豪語要在2050年成為100％倚賴風力的國家；挪威大舉發展水力發電以來，如今已在全球居冠，水力發電囊括了全國電力需求的99％，葡萄牙、瑞士、奧地利的水力發電量也分別占了該國總發電量的55.2％、56％與33％，

冰島的地熱能發電供應全國25％的用電……。這些皆是在再生能源的發展上有卓越成果的國家。

　　一般來說，能源轉型需要有長遠的建設計畫以及「轉骨期」，這個過程往往需要十年，甚至數十年，舉例來說，丹麥的風力發電在1980年代就開始起步，挪威、奧地利、葡萄牙、瑞士等國的水力發電發展史甚至可以追溯到1920年代，在這麼長的時間經營下，國內的基礎建設與發電技術早已達到成熟，因此能夠順利地逐年減少對化石燃料的需求。另一方面，再生能源的使用對地形、氣候的依賴度極高，根據每個國家的環境不同，發展再生能源的合適程度也會有天壤之別。挪威位處北歐之西部，境內座落無數高落差的大型湖泊與河流，是發展水力發電的絕佳條件；位於阿爾卑斯山上的瑞士亦因冰河地形，國內有十數個適宜發電的大型湖泊；奧地利境內更有歐洲第二大河多瑙河經過，且高低落差亦甚大。

台灣目前的再生能源無法取代核電

　　與這些國家相比，台灣的水力發電雖然也頗有淵源，並擁有一定技術，但卻受到地形限制，台灣南北狹長，主要河流多為東西向，且水量不多，流域也不長，能興建水壩的位置不足，加之降雨季節分布不均，無法穩定供應發電，種種不利因素都限制了水力發電的發展；風力發電與太陽能發電需要大量土地，在地狹人稠的台灣更是無法大規模展開，而夏季多有颱風，也無法在近海設置離岸風力發電廠，同時，基礎設施尚不完善，短期內也不可能大幅擴張。

　　值得一提的是地熱發電，台灣地處火山帶，地震頻繁，曾有學者作過勘察，表示台灣地底蘊含的熱能相當適合用於發電，甚至可以抵過二座核四廠的總發電量。然而地熱發電的難度極高，複雜程度遠遠超過想像，除了地熱本身需達一定溫度以外，還需具備充沛的地下水層，以確保發電廠地盤穩固；同時，地熱與溫泉不同，它的溫度動輒達數百度，地下熔漿往往具有高腐蝕性，因此鑽井工程與抗腐蝕的管線將需要極高的投資額。正是這個原因，讓地熱含量一樣極為豐富的美國、日本亦對地熱發電仍興趣缺缺。

　　地熱對環境同樣有污染之虞。2006年，冰島首都雷克雅未克30公里外的一座地熱電廠就被發現排放大量的硫化氫，波及雷克雅未克市民，污染源正是來自地底的地熱蒸氣，就像北投溫泉區也終年瀰漫著硫化氫氣體一樣。同年，來自地底的災難還有一樁，印尼東爪哇的一家石油礦業公司在鑽天然氣井時，意外挖出了地底一座沉睡多時的泥火山，造成熱泥漿大量噴發，附近3萬多人被迫離開家園，這都足以顯示，地熱能絕非只是鑽井挖洞這麼簡單，它必須包含一系列嚴謹的探勘過程與建造技術。

　　台灣在1980至1990年代曾在宜蘭設置清水地熱發電廠，用於開發地熱，但遭遇技術不精、管線結垢等阻力，使得營運狀況非常不佳，1993年後發展逐漸陷入停滯。目前已有民間公司重新評估在金山、萬里、礁溪等地開發地熱，但在技術、資金上的問題仍急待克服。

　　今日台灣的能源分布仍是以火力發電占主要，根據台電

2011年的公布資料，全台灣的發電量中，火力發電占72.6％（燃油3.2％，燃煤40.3％，燃氣29.1％），核能占19％，汽電共生占4.3％，再生能源僅僅占了4％，這個數字包含了水力、風力、太陽能、地熱能等等，顯見國內極度缺乏再生能源的發展背景。當然，再生能源絕對是全球未來的能源趨勢，但想在現今的台灣立即實現高度的替代率，卻是個不切實際的理想罷了。在再生能源的技術成熟與普及之前，核能發電仍是國內發電的最佳選項之一。

擁核理由 *6*

核能發電最環保

核電廠的環保替代方案其實更不環保！只會造成更大的污染！

　　一次發電中產生的二氧化碳，除了包含發電當下的燃燒反應直接釋放出來的之外，發電之前的發電站架設、發電之後的運輸、廢料處理等過程中，都會製造出二氧化碳，這些都應該計算在內，這也就是時下流行的「碳足跡」名稱 —— 即一個人、一個家庭在生活中的一舉一動，為環境帶來的二氧化碳數量，也正是同樣的概念。同樣地，在評估一項發電方式的污染量時，不能端看發電過程中的生成物，必須深入考慮發電前、後各項工作中留下的後遺症。

太陽能

　　太陽能一項是人們最為推崇的一種發電方式，因為太陽天天升起，太陽能取之不盡、用之不竭，而且隨處可得。乍看之下，它零排放、零噪音、零能耗，似乎是最為理想的一種能

源，但很少人知道的是，在太陽能光鮮亮麗的「環保」外衣之下，隱藏了多麼可觀的能源消耗及污染物。

現今太陽能電池有90％是多晶矽電池，其材質為多晶矽（polysilicon），由金屬矽（工業矽）提煉而來，一塊太陽能面板，必須歷經產業的最上游──提煉矽砂，再依序精煉、加工為多晶矽（polysilicon）、晶棒（ingot），再切割為晶圓（wafer）、單元（cell），最後結合成組件（module）；這整個過程會耗去大量的電力。中國北京交通大學光學所曾做過統計，生產一塊1平方公尺的太陽能面板，必須消耗130度的電力，相當於燃燒40公斤的煤炭；而生產100瓦特的太陽能電池必須用掉1.16度的電，可以說，這一系列的製程耗掉的電，就超過了一個太陽能電池日後二十年的使用年限中累積的發電量，這讓原本節能減碳的環保訴求大受質疑。

再來就是污染物，製造多晶矽的過程，會先將金屬矽轉變為三氯氫矽，再進行分餾和精餾提純，得到高純度的三氯氫矽，這種氣體具毒性、腐蝕性和爆炸性，最終再由氫氣還原成多晶矽。在這一過程中，只有大約25％的三氯氫矽轉化成多晶矽，其餘的則直接排放到周遭的環境中。

污染最嚴重的，則是在還原過程中產生的副產品──四氯化矽，這是一種腐蝕性極強、難以保存的有毒液體，具有劇毒性。四氯化矽在潮溼空氣中會分解成矽酸和氯化氫，對眼睛和呼吸道產生強烈刺激，皮膚接觸後更會引起組織壞死。一旦這些有害物質回收處理不慎，將對工人有重大的安全隱患，對環境也會造成污染。四氯化矽不能自然分解，如果將它傾倒或掩

埋，水體將會受到嚴重污染，土地也會變成不毛之地。這還不包括大量氯氣等其他易燃易爆的有毒氣體。平均每提煉1噸的多晶矽，就會釋放出10到15噸的四氯化矽，在世界最大的多晶矽生產國中國，2013年共計有16.6萬噸的生產量，這意味著將產生160多萬噸的四氯化矽。

目前四氯化矽的處理，是透過氫化反應，將其轉化為三氯氫矽重新循環回收，現有的技術可讓轉化率達到34％。在環保要求嚴格的歐美國家，對四氯化矽的規範十分嚴格，根據工廠的規模大小，給予的限制又各有不同。糟糕的是，在中國等科技較不發達的地區，工廠尚無法完全掌握回收機制，而即使是採用氫化還原這層回收措施，四氯化矽的排放仍達到50％以上，雖然四氯化矽也是化工原料，但下游的化工廠可消化的量卻十分有限。在中國，絕大多數多晶矽生產工廠的四氯化矽只有少部分以低價順利地賣給了下游的工廠，一部分貯存起來，一部分則偷偷掩埋。為當地的生態環境埋下了隱患。

除此以外，還有太陽能板配備的蓄電池，一旦這些電池廢棄，將會對環境造成極大的破壞，因為其中絕大部分是鉛蓄電池，也是毒性極強的電池之一，一旦回收不徹底，電池內含有大量的鉛、銻、鎘、硫酸等有毒物質，會污染土壤、草原和地下水。有人作過統計，若將整個新竹縣市的土地用於太陽能發電，效益相當於一座小型核電廠，但產生的污染足以瞬間毒死全台灣河川及近海的魚蝦！當然，太陽能目前還是新興的產業，假以時日，或許還能找出更佳的材料以及發電蓄電方式。但目前，若妄想以太陽能發電取代核能發電，肯定會造成更大

的污染。

風力發電

　　風力發電也遭遇了意想不到的環保問題。在西班牙，約有一萬八千座風力發電機組，這些高達一百七十公尺的大風扇，高速轉動著巨大刃狀葉片，為當地的鳥類帶來了恐怖的浩劫！據當地的鳥類學家估計，每年約有六百萬到一千八百萬隻鳥類及蝙蝠遭到這些葉片「殺害」，許多鳥類死狀甚慘，直接被葉片腰斬、斷頸！由於風力發電機組造價每支約一億台幣，且風太大（例如颱風）或太小時均無法運轉發電！所以若用風力發電取代核能發電，初估台灣的電價至少須上漲八成才「夠本」，大家可以接受嗎？

水力發電

　　為了進行水力發電，必須建立大型水壩，這讓當地的水患風險增加，地下水含量減少，還會累積有毒物質、破壞生態環境。光是人類史上的水庫興建，就讓全球超過四十萬平方公里的陸地沉入水底，這相當於十一個台灣的大小。不僅剝奪了許多魚類和傍水而棲的生物的生存空間，也使森林面積大幅縮減。同時，由於水庫底部缺氧，水中的微生物開始快速製造甲烷與溫室氣體，這種製造速度是火力發電廠的3.5倍。

　　著名的三峽大壩就是最好的例子，大壩的興建讓長江中的魚類數量銳減，進一步造成食物鏈崩潰，部分珍貴、稀有的水中生物因無處覓食逐漸消失，包括被列為瀕危品種的「揚子

鱷」、以及中國國寶「長江江豚」等；由於大壩導至注入鄱陽湖的水量變少，也破壞了湖中生物賴以繁殖棲息的溼地生態，威脅白鶴等水禽鳥類的生存空間。長江畔的1,200件重要文物以及三峽的壯麗景致更是永遠無法重現了。而水力發電的成本結構之特色與核電廠類似：發電的邊際成本雖低，但先期的固定成本巨大！至於對地理環境的影響顯然是水力發電更為巨大！而台灣的問題在於：所有能做為水力發電的地方已被台電開發了90％以上，所以，在台灣若想再開發新的水力發電廠取代核四，是一件絕無可能之事！

核能所造成的污染遠低於再生能源

核能在發電過程中，雖有大量的熱能無法被利用，會被以廢熱的形式排出，但廢熱的排放機制設計相當嚴謹，能確保對生態環境的危害降至最低。首先，當溫排水自排放口排出後，會迅速與冷海水混合，上浮至海表面約數公分至20公分厚的區域，並持續隨海水擴散稀釋直至約半徑500公尺處，超過500公尺外，水溫的溫升就已遠低於法規限制的4℃，因此對周遭海域珊瑚或浮游生物不會有立即而明顯的影響，相較於海底石油或礦業開採、油輪或商船洩漏、工業廢水或民生污水排放等問題，核能對海洋的影響其實是微乎其微的。

擁核理由 7

核污染可掌控

核廢料可封存，安全性亦可管控。但碳排放只能抑制，無法封存，且溫室氣體的危害是全球性的！

　　核能發電最大的缺點就是核廢料的排放與貯存，這也是世人反核的主要原因。核廢料的成分為放射性同位素，也就是一些不穩定、容易發生衰變的元素，它們以不同的形式及強度進行持續的衰變，在這個過程中產生的電離輻射會對人體健康與自然環境造成一定的傷害。每一種放射性廢料都擁有各自的「半衰期」，也就是「自身的一半衰變為其他物質需要的時間」，並且在最終完全衰變成不具放射性的物質。

解構對核廢料的污名化

　　依照單位體積或單位質量的放射性強弱，核廢料區分為低、中、高三個等級，其中低階核廢料占了主要部分，例如醫用放射性物質或工業放射性物質，至於中、高階核廢料則較少。由於核廢料含有的放射性會隨著時間的經過而減弱，因此

必須將它與外界隔絕一段時間，直至它的成分達到不會引起危害的程度。大致上，低階核廢料的封存時間為幾小時至幾年，而高階核廢料則可能需要隔絕上千、上萬年。例如鈽-239（Pu-239）即使在自然界中放置上千年，仍然會對人類或生物有害，甚至還存在著上百萬年都無法完全衰變的同位素；某些廢料的半衰期則很短，例如碘-131（I-131）的半衰期只有8天，甚至有些同位素的衰變在幾微秒之間就會完成。一般來說，一種同位素衰變得愈快，放射性也相對愈強，而危險程度是由它衰變產生的輻射種類與能量來界定的，至於這種物質的活性、擴散的速度以及被生物吸收的難易度，則由它的化學性質決定。

　　暴露在高強度的放射性核廢料的輻射中可能會導致嚴重損傷（大家最熟知的一種輻射後遺症就是癌症），甚至死亡，並影響後代的先天發育。經計算，5西弗（Sv）的輻射劑量對於人類就足以致命，7西弗的輻射劑量基本上就穩死不活，一劑0.1西弗的輻射有0.8％的機率致人於死，而劑量每增加0.1西弗，這個機率就會增加一倍。1西弗是多少？舉例來說，作一次X光胸部攝片檢查的輻射量約0.0009西弗，X光胸部直接透視檢查則是0.007西弗，而地球人一年平均吸收的宇宙射線大約0.0024西弗。如果以在核電廠工作的人士來說，一個核電廠的員工一年吸收的輻射大約有0.0005西弗。日本福島危機後留在核電廠的員工（福島五十壯士）一年吸收的輻射高達0.25西弗。也就是說，這些人在未來有2％左右的機率因為輻射而死亡，就算沒有死，也會因為輻射而失去永久的健康，當然，這屬於特殊情況，不能一概而論。

　　事實上，並不是只有核能相關的東西才擁有放射性，煤炭中也含有少量的放射性鈾、鐳、釷和鉀元素，碳化程度低的煤炭（例如泥炭、褐煤等）中含量更高。而石油和天然氣處理工廠排放出的廢料中，也普遍含有鐳及其同位素，從油井中抽取出來的硫酸鹽化合物裡富含鐳，而井裏的水、石油和天然氣則富含氡；當這些氡衰變後便形成其他固態放射性同位素，並在鑽油管道內形成一層覆蓋物，在石油處理廠中，氡和丙烷產於同一個分餾層，因此丙烷生產區最容易受到放射性的污染。

　　不僅如此，人類無時無刻不是暴露在輻射的環境之中，大氣中的塵埃就有著一部分的放射性，地下水與土地中也含有一些放射性元素，人體本身更是一種輻射源，體內的鉀-40（K-40）一刻也不間斷地向外發出放射線，更別提來自外太空，躲也躲不掉的大量宇宙射線了。根據統計，台灣人生活的環境中背景輻射劑量約為0.0000016毫西弗。

　　核廢料的放射性也是如此，它與地球上的所有放射性物質一樣，只是輻射量大得多了，因此必須嚴格加以管控。

核廢料的處置經過嚴格的管制

　　國際原子能總署對於核廢料的處理和處置有嚴格的規定，要求各國遵照執行。目前核廢料的處理方法是稀釋分散、濃縮貯存以及回收利用。核廢料處置依照種類，分為「控制處置（稀釋處置）」和「最終處置」。「控制處置」是指液體和氣體核廢料在向環境中排放時，必須稀釋到法規的排放標準以下；「最終處置」是指「不再需要人工動態管理」，「不考慮

再回收取用的可能」，這種方式主要是針對高階核廢料。

　　低階核廢料的處理較為簡單，主要是經過焚化壓縮固化後，再裝進大型金屬罐，以便在淺地層中掩埋。而處理高放射性核廢料的方式，主要為「再處理」和「直接處置」兩種選擇。「再處理」主要是從核廢料中回收可進行再利用的核原料，包括提取可製造核武器的鈽等。「直接處置」則是指將高階核廢料進行「地下埋藏」，一般經過冷卻、乾式貯存、最終處置三個階段。美國政府一直採取地下掩埋的措施來處理核廢料，在內華達州北部的斯蘭山脈，就有 1.1 萬個30至80噸的處理罐被埋在地下幾百米深處的隧道裡。當然，後續還必須對這些廢料持續監測數百年，以確定它們的安全性與穩定性。

　　為了更安全、更長久的掩埋核廢料，世界其他國家都在開發新技術，以減少核廢料對環境的危害。近年已研發出一種「核廢料玻璃化」的方法，大致來說，就是先把核廢料與糖類物質（用來抑制化學作用）混合後煅燒，以消除硝酸鹽和蒸發掉多餘的水分，進而增加其穩定性。煅燒後產生的成品A會被引入一個充滿玻璃碎片的熔爐，之後再把尚未冷卻的液態混合物分批倒入圓形的不銹鋼容器內。當它們冷卻凝固後，這些玻璃碎片會把成品A結晶化，成為一種高度防水的放射性玻璃，可避免廢料滲漏。最後，將填滿的不銹鋼容器密封焊接，再經過清潔和外部污染檢查後，永久貯存在地下倉庫內開始持續數萬年的衰變過程。這種方式能確保核廢料本身的穩定，不會外洩或發生化學反應。目前，德國已擁有一間正在運作中的核廢料玻璃化工廠，用來重新處理舊有、已被封存的核廢料。這將

是未來處理核廢料的趨勢。

　　唯一的問題就是核廢料的置放處。台灣自從1977年起，開始將低階核廢料屯放在蘭嶼，1996年時由於台電管理人員的疏忽一度導致核廢料外洩，因而造成蘭嶼居民多年的抗爭，行政院最終亦於2013年4月作出「蘭嶼不會成為核廢料永久貯存地」的承諾。至今核廢料的最終置放場所仍是一大問題，目前台電將核廢料貯存於各核電廠用過的核子燃料池中，並規劃在各核電廠內建造乾式貯存設施，使各電廠在所有核廢料在最終處置前都有充足的貯存空間。依據2010年核定之《我國用過核子燃料最終處置初步技術可行性評估報告》之結論，將在本島設置核廢料場，目前正在進行地質調查與評估，預計將於2038年確定場址，2055年完工啟用；而低放射性廢料場的地點目前暫定在烏坵或台東的達仁鄉興建。

即使名為核「廢料」，仍具利用價值

　　1997年台電曾與北韓政府簽約，預定將6萬桶低放射性固化廢料以7,566萬美元的價碼「出售」給北韓，放在平山的兩條舊煤礦坑道作最終處置，北韓還為此投入大筆金錢、人力，加挖了兩條坑道。然而，合約因為種種原因，最終沒有履行，雙方協議保留五年期限，北韓也繼續投資建設場地。想不到，這一拖延就是十六年，2013年3月時，北韓甚至打算委任台灣的律師，向台電求償3億元。

　　北韓為何搶著要這些核廢料？台電又為什麼不肯賣？因為這牽涉到一個問題——「核廢料精煉」。一般來說，用過的

核廢料中會殘餘少量未反應的鈾-235，或是新生成的鈽-239等物質，理論上，若是將這些物質自廢料中萃取出來，還能用於核彈製造，只是整個過程相當複雜，成本也高。由於北韓擁有製造核武的技術，收購核廢料之舉，或許就是為了製造「髒彈」，也就是把放射性物質與炸彈結合，讓它在爆炸的同時，將輻射污染至爆炸處數十英里之內的地區，污染牲畜、魚類、糧食作物。髒彈雖然不足以立即致人於死，卻會導致嚴重疾病的輻射，它的威力不是瞬間的，而是會造成後續人民的恐慌，還需要龐大的善後成本。有鑑於此，國際間一向嚴令禁止精煉核廢料。也是出於這一層考量，台電最終打消了將核廢料出售給北韓的計畫。

其他發電方式產生的污染更重大

撇開這些問題不談，核廢料對自然的危害，其實遠不及燃燒化石燃料造成的環境問題來得嚴重。根據統計，若使用核能發電，人一生平均會製造出一個可樂罐容量的核廢料；但若使用火力發電，將會生產出800萬噸的二氧化碳。2004年，英國廣播公司（BBC）的一篇報導中提到：「世界衛生組織（WHO）推斷，每年全世界約有300萬人死於由車輛和工廠排放的廢氣和可吸入微粒造成的室外空氣污染；此外，每年還有6萬人死於固體燃料燃燒引起的室內空氣污染。」在美國，化石燃料產生的廢物直接或間接造成了每年約2萬人的死亡。而一個火力發電廠與一個相同功率的核電廠相比，它釋放的輻射強度是核電廠的十倍，而1982年美國的燃煤活動所釋放出的輻射量，甚至比三

哩島核事故的輻射量高出155倍之多！

因此，我們不該過分嚴苛地看待核能發電，常有人說核廢料造成的後遺症是「永久的」、「千萬年也不會消失的」，那麼，溫室氣體呢？它對於環境的影響更是深遠。如果核廢料會影響一個城市、一個地區的生態，那溫室效應則是影響一整個地球。核廢料目前還能以人為技術加以掩埋、隔離，但溫室氣體的問題目前始終無解，人類還是只能抑制二氧化碳的成長速度，卻無法封存逐年增加的二氧化碳。

有一個最為顯著的例子，足以說明放置大量放射性廢料在地下是安全且可靠的。非洲西部的奧克洛礦區（Oklo）地下，有一個天然、蘊含了大量放射性鈾元素的鈾礦。這個鈾礦從20億年前就開始在地下不停地衰變，這個天然的核裂變反應爐持續運作了數百萬年，那些鈾終於衰變成鈽和其他與現今的高放射性核廢料一樣的物質。最重要的是，當時該地區存有大量的地下水，而這些物質卻從未滲入水中污染當地環境，並一步步地完全衰變成其他非放射性元素。

就各項指標來看，在再生能源的技術完全成熟之前，核能確實是人類目前所能使用最乾淨的能源。

擁核理由 *8*

德國能？但台灣不能！

台灣是個孤島，一旦沒有核電，勢必帶來巨大衝擊。

　　目前台灣擁有三座核電廠，共包含六具發電機組，發電量5百萬瓩，占全國總發電量的19％，其中核一廠的兩座反應爐分別將在民國107與108年除役，核二廠將在112年完全除役，核三廠將在114年完全除役。意即假如沒有提出替代的能源方案，台灣屆時將會有五分之一左右的電力短缺。

沒有核四勢必調漲電價

　　核四完工後，它的二具反應爐預計將產生2.7百萬瓩的發電量，並占全國總發電量的9.3％，幾乎是核一廠與核三廠的總和，這將有效銜接舊核電廠陸續退役的過渡期。根據台電評估，如果核四不能如期運轉，等到核一、二、三廠全數停止運轉後，台灣將被迫以天然氣替代核能的發電量，由於天然氣的發電成本較高，加上用電量逐年高升，電價預估將上漲40％。

　　民間學者也自行作過估計，他們聲稱在用電量每年成長3％

的情況下，無論核四運不運轉，電價都必然會逐年上升。假設核四運作，而同時以燃煤發電取代核一與核二廠，則至2025年電價將上漲30％，若以燃氣發電取代，則上漲34.5％；另一方面，假設核四廢除，同時以燃煤發電取代核一、核二與核四，則至2025年電價將上漲38％，若以燃氣發電取代，則上漲46.4％。按這樣的情況計算，核四的運作與否，只會在未來的十二年影響電價8％的漲幅，如果使用燃煤發電，漲幅又會更低。但煤炭、天然氣都是溫室氣體的來源，煤炭的排放量又更龐大。若完全以火力發電取代核能，問題勢必又會回到環保議題上。

目前反核的聲浪大多只將「電價」與「環保」放在天平上衡量，卻忽視了電價上漲可能為經濟與社會穩定帶來的影響。以宣布廢核的德國為例，為了替代核能，政府加重對太陽能、風力、生質能等再生能源的依賴，並自2001年逐年增加補助，但這些成本都反映在電價上。在德國，一度電要價12.2元，比鄰近的法國、荷蘭多出40％，更遠高於台灣的電價，12.2元這個數字包含了再生能源的發展補貼以及汽電共生的高額稅金。

調漲電價勢必衝擊產業發展

高電價為德國產業帶來了衝擊，尤其是耗電量較大的產業，例如鋼鐵、冶金、造紙、水泥和化工工業，都因為高電價而逐漸失去競爭力，中小企業陸續倒閉、遭到併購，而較大的工廠則選擇關廠或是轉移到國外。外國的企業對德國產業的投資也變得興趣缺缺，自從2003年以來，金屬、化學、玻璃、陶

瓷、礦石、土壤以及造紙等行業的總投資，大幅減少了85％。科隆經濟研究所（IW）曾對德國1,500家大企業做問卷調查，發現有25％的企業對能源開支增加造成的競爭力下滑感到憂心，80％的企業認為政府對電價規劃不夠妥善，33％的企業預計將逐步轉移到法國、中東或美國。由於德國目前有80％製造業與能源密集工業有供貨合同，40％製造業和能源密集型工業有緊密研發合作，若是這些能源密集型企業遷出，將使這些製造業構成的共生體系瓦解。

2012年9月，日本朝日新聞報導了德國再生能源的現況，報導指出德國在廢核之後大力推行再生能源，例如西門子（SIEMENS）公司由核能產業撤出，轉而投資海上風力發電，目前已可藉之供應20萬戶的家庭用電，並指出德國北部海域的風力發電潛能直逼135座核電廠。然而實際上，德國的能源轉型至今仍停留在摸索階段，尚未有明確的計畫和目標，政府與各部門之間也存在諸多分歧。

再生能源的發展困難重重，面對國際市場的激烈競爭和政府的補貼銳減，德國的太陽能產業已風光不再。海上風電的發展也陷入僵局，政府要求近海風力發電場遠離海岸，深度至少要超過30公尺，但電力商出於成本考量，較趨向在近海地區設置。而如何將海上電力連接到電網也是一大難題，由於缺乏資金，電力傳輸線的擴建一直沒有動靜。此外，德國的再生能源大多集中在北部，若要把北部生產的電力輸送到工業發達的南部地區，必須有足夠的輸電線和貯能技術，未來十年，光這一部分的基礎設施建設成本就高達1,540億歐元，到2030年，更將

達到3,350億歐元，這些金額最終都會轉嫁到消費者身上，德國的廢核之路所費不貲，台灣人民恐怕不太可能承擔這樣的代價。

台灣沒有，德國有

事實上，歐陸各國之間彼此有電網相連，萬不得已時，德國還能由歐洲的其他夥伴提供電力，彌補電力缺口，這也是他們放心發展再生能源的理由之一，台灣卻沒有這樣的優勢。同時，也有專家提出，要是歐洲的所有國家都學德國廢止核能，將會造成歐陸的基載電力不足，德國也無法維持現有的情況。

目前歐洲已宣示廢核的國家，大多會先訂出替代的能源方案，並規劃長期的廢核時程，逐步降低核能比率，並研發再生能源。除了日本因福島核災被迫快速中止核電外，沒有一個國家敢在提出配套措施前貿然關閉核電廠，因為所有理性的人都知道，無論核能好壞與否，它仍是人類短期內不可缺少的能源選項之一。

擁核理由 *9*

核電成本最低廉

不論計算內部成本還是外部成本，核能都是最省錢的發電方式。

　　支持核能的人士，最常用的理由之一就是「不用核能發電，電價上漲怎麼辦？」的確，這是一個極具說服力的說法，目前也沒有任何論點足以反駁它。

核能發電成本最低

　　在火力發電為主流的現今，發電原料主要依賴煤炭、石油、天然氣等天然化石燃料，因此，發電量的多寡以及電價的高低，可說大幅度取決於當時的燃料價格。台電的所有支出當中，六成以上皆是發電燃料的成本。所以在石油資源即將耗竭，而全球用電量與日俱增的情況下，未來的電價走勢將只會上升，不會下跌。

　　相較之下，核能發電是更為經濟的能源，無論是營運的「內部成本」，或是代表環境負擔的「外部成本」，都遠低於

其他的發電方式。台灣目前運作的三座核能電廠每年為台電賺進232億，若將這些發電量以其他火力發電取代，則我國每位國民每年將損失4,800至7,800元（每戶每年損失19,000至31,000元）。根據台電的統計，目前我國各種主要發電方式的成本如下：

發電能源	發電量比例（％）	發電成本	為核能倍率
核能	19.0	0.67	1
煤炭	40.3	0.87	1.28
石油	3.2	1.95	2.91
天然氣	29.1	2.75	4.10
水力	1.4	2.24	3.34

以上是只看內部成本（Internal Cost）的結果，也就是燃料本身的價格、發電設施的興建、發電技術的研發，以及其他人事費用；當然，計算一種發電方式的成本，除了考慮這些開銷之外，還必須考量「外部社會成本（External Cost）」。外部成本是一項評估能源對環境衝擊大小最客觀的量化基礎，包括發電時產生的污染對環境的影響、發電過程中對人命造成傷亡的風險等等。以化石燃料為例，煤炭的價格最低，但燃燒時卻會產生大量的二氧化碳與二氧化硫，而且開採風險較高，易發生意外事故，因此外部成本也相對較高。

當今所有對外部成本的可靠分析之結論中都指出，核能在主要能源中，是外部成本最低的一種，歐盟近年的一項「能源外部成本計畫（ExternE Project）」提到，平均每生產一度電，

核電廠會帶來相當於0.087台幣的外部成本，而燃煤與燃油發電的外部成本是2.4元（核電的27.6倍），天然氣發電是0.35元（核電的4倍）。再生能源與核能一樣是0.087元，但是它的內部成本則與產能不成比例。

減碳需要靠核能來維持

還有「二氧化碳稅（簡稱碳稅）」的因素。所謂的碳稅，是指針對二氧化碳的排放所徵收的稅，它以環境保護為目的，希望透過削減二氧化碳排放量以減緩全球暖化的速度。由於二氧化碳主要是燃燒化石燃料產生的，因此碳稅的課徵對象實際上也就是以煤炭、天然氣、石油為主，並按照碳含量的比例徵收不同金額的稅。芬蘭於1990年開始實施碳稅制度，挪威、丹麥、瑞典、瑞士、荷蘭、愛爾蘭、印度、哥斯大黎加等國也陸續跟進，而澳洲、歐盟、日本目前則正在研擬當中。已課徵碳稅的大部分國家都因為這個制度有效降低了二氧化碳的排放，瑞士更提議全球都實施這個制度。

1997年的《京都議定書》確立了「碳交易」的制度，也就是與會各國都制訂出一定的溫室氣體排放量，每年的排放量都必須限制在這個數字之內，超額則必須受罰。不過，議定書允許各國之間互相「交易」排放量配額，也就是工業不發達的國家，可以透過將排放量出售給工業國家，藉此賺取收入，以達到互惠的結果。2005年，歐盟更將這個遊戲規則由「國與國之間」轉移到「國內」，為會員國境內的各個大型產業制訂二氧化碳排放量標準，並同樣允許買賣排放量。雖然制度上還有許

多待改進之處，但抑制溫室氣體的增加一事早已刻不容緩。

　　台灣既未實施「碳稅」，也沒有「碳交易」制度，更非京都議定書的成員國，因此這些成本目前仍然看不到，但在國際的輿論壓力下，以及各國節能減碳的環保風潮下，或許這些法規有朝一日將會實現。按照核能發電每年為台灣減少3,000萬噸的廢氣排放，其中有13％是二氧化碳，屆時，一年有望為社會節省3,940億的碳稅。

　　曾有民間團體以1989年的核能發電成本高於燃煤發電，進一步質疑核能的價格，但1989年時核能發電量僅270億度，分攤之單位成本相對就顯得較高。目前我國的核能機組運轉績效大為提高，2011年發電量已達405億度，分攤之單位成本較低，發電成本僅每度0.69元。核四採用目前最新的第三代反應機組，無論是安全性還是發電效率，更是不可同日而語。

擁核理由 *10*

低碳排放是趨勢

「廢核」與「低碳」互相矛盾，不可並存！想要「低碳」就不可能「廢核」！

火力發電最為人詬病之處，就是發電過程中會產生大量的廢氣，包括二氧化碳、二氧化硫、氮氧化物以及其他非甲烷有機化合物，其中部分氣體在與空氣中的水蒸氣反應後會形成亞硫酸、硫酸、硝酸等化合物，最終導致酸雨；而二氧化碳更是溫室效應的最大元凶，也是火力發電最大的致命傷。

核電對減少碳排放助益良多

全台灣在2012年共排放2.7億公噸的二氧化碳，平均每人排放了11.66公噸，高居全球第19位，排名前於中、日、韓。這個數字，也因此屢次被國際環保組織關注，若台灣現有的三座核能廠不運作，排放量預估將再多出2,085萬噸。

歐洲環境署曾針對歐盟各國的火力發電廠，統計出了不同燃料的廢氣排放量：

污染物	硬煤	褐煤	燃料油	其他油	天然氣
二氧化碳（g/GJ）	94,600	101,000	77,400	74,100	56,100
二氧化硫（g/GJ）	765	1,361	1,350	228	0.68
氮氧化物（g/GJ）	292	183	195	129	93.3
一氧化碳（g/GJ）	89.1	89.1	15.7	15.7	14.5
非甲烷有機化合物（g/GJ）	4.92	7.78	3.70	3.24	1.58
顆粒物（g/GJ）	1,203	3,254	16	1.91	0.1
廢氣體積總量（m^3/GJ）	360	444	279	276	272

由表格數據可以看出，煤炭是最不環保的一種燃料，在各項污染物指數中都高居第一。而無論是哪一種化石燃料，它所產生的二氧化碳量都高得嚇人，目前使用最多的石油，在二氧化硫排放量也與煤炭不相上下，天然氣則是所有種類的化石燃料之中最為環保的一種。

儘管燃燒煤炭、石油產生大量的溫室氣體，火力發電仍然是目前世界上最主要的發電方式。根據國際能源總署統計，全球一年排放的二氧化碳量大約在350億公噸左右，而且依照過去的數據，一年正以20億公噸的速度成長著。若以當今世界的趨勢發展下去，到了2030年，全球的能源需求將比現在多出約60％，而且約有85％的能源來自化石燃料。讀者可以想像，這將會帶來多麼驚人的廢氣排放！溫室效應對地球環境的影響也將逐年擴大。

我們只有一個地球

曾有專家發出警告，若是溫室效應的情況再不獲得解決，到了2050年，地球恐怕會陷入「不可逆」的狀態，就像太陽系的另一顆行星——金星。何謂「不可逆」呢？我們以金星為例，金星的星球半徑約6,050公里，地球約6,400公里，兩者大小相差不遠，但金星的表面溫度卻終年超過400℃，最高時更可達到500℃，這種現象可不只是因為它距離太陽比較近，最大的原因，正是由於地表旺盛的溫室效應。

根據推測，金星一開始的成分與地球十分相近，唯獨不同的就是二氧化碳多了「一些」。就像我們居住的地球一樣，這些過多的二氧化碳開始在金星表面產生溫室效應，溫度逐漸上升後，又將地殼中的二氧化碳也加以分解、釋出，空氣中的二氧化碳愈來愈多，又繼續發生同樣的效應，如此一來，溫度的持續上升再也無法避免，終於變成金星如今溫度極高的狀態。這也就是「不可逆反應」

有鑑於此，科學家與環保人士數十年來四處奔走請願，呼籲對二氧化碳的排放量加以控制，尋求替代化石燃料的能源，以減緩溫室效應的惡化。近年更出現「節能減碳」這樣的口號，鼓吹減少用油、用電，並推廣資源回收及素食主義的優點；顯然，相對於尋找高效率、高便利性的能源，一個低污染、高環保的能源才是未來的全球趨勢，巧合的是，核能正是符合這個條件的能源之一。對全球第四大能源消耗國法國而言，它的二氧化碳排放量卻只是全球的第25名，這全是由於高

度仰賴核能發電之故。

　　經濟部能源局針對各種發電方式產生的二氧化碳排放量作出了統計，以生產每度電產生的二氧化碳為單位來說，水力發電的產生量是4克／度，是所有發電方式中最少的，其次是風力發電，產生12克／度，再來就是核能發電，產生16克／度。而火力發電則遠遠高出這個數字，燃燒天然氣產生432克／度，燃燒石油產生780克／度，燃燒煤炭則高達929克／度！

　　國民健康局曾作過統計，中部沿海的氣管癌死亡率逐年上升，而且有年輕化趨勢；中興大學環境工程學系的研究也發現，中部的戴奧辛濃度全台最高，幾乎天天是美國標準的3倍以上，這些「貢獻」幾乎全來自15公里外的台中火力發電廠。根據世界碳監控組織（CARMA）組織的報告，台中火力發電廠是世界最大的碳排放電廠，而雲林的麥寮電廠則名列第6，台灣人對溫室效應所應負起的責任由此可見一斑。

擁核理由 *11*

源源不絕，永無匱乏

核能是相對穩定而持久的電力供應來源。

　　化石燃料的使用，與人類「永續發展」的原則其實是大相違背的。英國石油公司估計，全球的煤炭只能再供開採219年、石油是41年、天然氣64年，最重要的是，這只是按照現在的消耗速率來計算。國際能源總署曾作過分析，未來的二十年間，全球的能源需求每年會成長2％，在這樣的情況下，我們可以預期五十年後將會看見一個諷刺的現象——一座座斥資數千億打造的天然氣電廠，使用年限還沒到，而全球的天然氣卻已用完了。

核電是唯一原料充足又高效能的發電方式

　　國際原子能委員會估計過全球的核原料含量，若只考慮較具有經濟開採價值，即每公斤成本130美金以下的鈾礦的話，那麼，截至2007年，地殼中尚有546萬噸的貯存量，由於核原料的消耗量甚微，因此這些貯量足可供全球使用一百年以上。而若

是核燃料再利用技術研發順利，再加上已經研發中的第四代核能電廠，未來核燃料估計還可使用數千年。

至於印象中「最便宜」，而且「用不完」的再生能源，它的技術研發成本顯然與發電量不成比例。根據美國能源部分析，在1993年前的四十多年中，美國用於核能研發的支出總額達600億美元（其中約三分之一為核廢料的處理技術研發），用於太陽能和地熱的研發則花費220億美元。結果，核能提供了美國20％電力，太陽能和地熱方面卻只提供了3％電力。當今世界上，再生能源之所以擁有便宜又乾淨的金字招牌，都是靠著各國政府每年投注的巨額補助打造出來的。舉例來說，德國政府每年資助再生能源4億馬克，並補貼了90％的電力價格；丹麥政府每年資助風力發電50％的電力價格；挪威除補貼三分之二的電力價格外，電力零售商在設置電廠時，還會再補助25％的經費；英國每年補貼再生能源每度3便士等等，這些成本都很可觀，但往往不為人知，而投資報酬率呢？其實是極低的！

以我國風力發電為例，台灣夏季無風，卻是用電高峰，使得風力發電很難在此時提供穩定電力，反而必須調度其他電力支應。麥寮的風力發電系統在每年8月天氣最熱的時候，根本無法穩定供電。要是2020年真的如反核人士的希望，達到風力發電150MW的目標，那全民每年將要付出101億的額外調度費用與69億的購電補貼。換言之，這些僅占了全國電量2.6％的風力發電機組，卻會造成電價上漲3.2％。而要是讓風力發電達到總發電量的10％，則電價將會上漲12％。

在比利時有一條「太陽能高速公路」，即在高速公路旁鋪

了一整排的太陽能面板，用作發電之途。這條太陽能高速公路造價6.5億，總長3.6公里，據稱一年可達到發電量330萬瓩。然而，目前興建中的核四一小時的發電量就有270萬瓩，效率足足是這條太陽能公路的7,167倍。況且這還未將鋪設太陽能面板的土地（機會）成本列入考量，按照計算，平均每八十座太陽能電廠，就要占據1,000平方英里的土地，最重要的是，這些電廠能否順利運作還必須看老天爺的臉色。

　　生物燃料也有類似的問題，它被專家比喻成「天上掉下來的餡餅」，意為看得到吃不到，因為若是按照目前全球的需求量來算，那世界上大部分的田地都將被用來「種植」燃料。而且，這些生產生物燃料的作物首先要被生物質分解，才能進一步提煉，而種植作物的土地則必須燒荒，這些都會導致需要數十年甚至數個世紀的生物燃料，才能補償所排放的碳。為了種植燃料作物，許多土地必須被改為農地，這都會嚴重破壞生態（若砍伐森林造成溫室氣體上升，更是本末倒置），還會間接造成糧食價格上漲，並威脅貧窮人口的生存。還有水資源、化肥等因素，都有污染環境之虞。例如，有些研究顯示，生物燃料之一的玉米酒精其實就是一種高污染燃料，在經濟上也不划算，因為它比化石燃料製造出更多的碳及污染排放。

　　燃料的來源也是至關重要的問題，在解釋這個問題之前，必須先解釋「備載容量」的觀念。何謂備載容量？舉例來說，如果你出門買便當，知道一個便當需要100元，但是為了防備不時之需，例如便當店忽然調漲價格，或是買完便當想順便買杯飲料，於是你帶了120元出門。多帶的這20元就稱為「備載容

量」。發電量也是一樣的，由於各個季節平均用電量不同，冬季用電量低，夏季則是用電高峰；因此即使是在冬天，仍然必必須要有一定的「備載容量」，這樣的話，假如某天溫度異常飆升，就不至於因為大家都開冷氣造成忽然的斷電；又或者日本三一一地震後，由於福島核電廠爆炸，造成日本東北地區供電量頓時短缺，這時便需使用區域的備載容量，例如由關東地區的發電廠將電力分送至災區。

核能是維持台灣電力穩定的唯一方式

歐盟許多國家（包括德國）之所以能廢除核能，很大一部分原因正是因為遍及全歐、密密麻麻的國際電網，一旦A國陷入缺電的情形，也能夠由鄰近的B國或C國緊急調來電力，故可以將備載容量降至最低。但對於四面環海、孤立無援的台灣來說這卻是作不到的，雖然目前的技術可以將海底電纜連至中國大陸，向大陸購電，但鋪設電纜的成本亦十分高昂，不合乎效益，同時向中國購電還會涉及政治問題。因此，國內的電力未來基本上仍必須仰賴自產，並達到足夠的備載容量。

再生能源發電效率不穩，因此台灣若廢止核能，唯一的選項就只剩下天然氣。天然氣的體積龐大，除必須每天不斷以海運進口，還得建造大量的貯氣槽；若以它作為備載容量來源，則全台灣的貯氣裝置將只能供應七天的發電量，意即萬一發生狀況如天災、戰爭等，天然氣來源一中斷，台灣只需要七天就會無電可用。許多反核人士提倡能源安全（energy safety），事實上，能源保障（energy security）也是迫在眉梢的問題。

核燃料的能量密度比起化石燃料高上幾百萬倍，相除之下，除了顯得核燃料本身的價格相當便宜之外，它的燃料體積小，運輸與貯存也都很方便，一座1,000百萬瓦的核能電廠一年總共需要30公噸的鈾燃料，這些分量僅靠著一航次的飛機就可以完成運送。而核四廠每年將用掉80噸的核燃料，這只要2個標準貨櫃就可以運載，要是換成燃煤，卻需要515萬噸，相當於每天用20噸的大卡車運705趟，換成天然氣則需要143萬噸，相當於每天燒掉20萬桶家用瓦斯，接近全台灣住家的瓦斯用量。

核能在缺乏其他能源的地區相當具有競爭力，最為顯著的例子就是法國，它幾乎沒有化石燃料貯量，卻靠著核能成為全球第四大能源國。而且，在核能發電的成本中，燃料費用所占的比例較低，使得核能發電的成本不易受國際政經情勢（例如油價或局部戰爭）的影響，發電成本較其他發電方法更為穩定。

擁核理由 *12*

核電是甚多國家的發展潮流

世界多數先進國家都對核安掛保證。

　　目前全球電源仍然以火力發電為主，燃油發電占了全球發電量的32.4％，燃煤發電占27.3％，燃氣發電占21.3％，生物燃料占10％，核能發電占5.7％，水力發電占2.3％，包含太陽能、地熱、風力等再生能源只占了0.7％。目前全球計畫中與興建中的核電廠高達六十座，一旦這些電廠完工，預估將供應全球16％的電力。

　　乍看之下，核能的發電量並未占有壓倒性的比率，這是因為核能發電必須有相當高的科技支持，因此在大部分的未開發國家是無法實現的，然而，若是在美國、日本、歐洲等各大先進國家，卻能夠發現，核能的比重極大，而且還有逐年上升的趨勢。

美國

　　美國是全世界最大的核能發電國，國內一共有104部機組，

遍及三十一州，產生101.4百萬瓩（GW）的動力，占美國全國總發電量的19.3％。

在上世紀的七〇年代，美國盲目擴展核電廠，致使電力一度達到供過於求的地步，到了1979年，爆發三哩島事件後，政府就不再通過新的核電廠興建計畫，核能的發展暫時陷入低迷。這樣的現象在1999年時因加州發生限電大危機而終結，由於加州偏好天然氣發電，供氣又不穩定，當時電價在一週內暴漲了三十倍，這讓美國政府體認到天然氣發電的不穩定，核能電廠再度成為炙手可熱的替代能源。

2002年，美國能源部啟動《核電2010計畫（*Nuclear power 2010*）》，積極鼓勵核能業界共同面對未來興建新核能電廠的風險因素，並提供準備執照申請的補助經費，藉以鼓勵業界重新興建核能電廠。但由於財務市場支持興建第一個新核能電廠所需高費用之時機尚未成熟，必須倚賴政府經濟協助來降低投資風險，到了2005年，美國政府通過《能源政策法》，提供貸款保證、賦稅獎勵、對於因法規需求或訴訟導致延遲予以補償、延長核子損害保險法案二十年等方案。優惠方案造成核能產業界熱烈迴響，紛紛加入競逐，提出建廠申請。截至目前，美國能源部一共接獲來自17個電力公司，申請興建14個核能電廠、涉及五個不同設計的21部新核能反應器，共19個初始申請案，涉及的總容量達28,800百萬瓦，申請總經費為1,220億美元，遠遠超過能源部所規劃的185億美元。

除此之外，這項《能源政策法》亦授權撥付12.5億美元給先進型高溫同步產氫反應器之研究發展，並編列2.5億美元預

算，與具有先進核能和平利用計畫的法、日、俄等國合作，開發新型反應器及核子燃料循環的技術，期望在2020年時，將會有一股新的、更安全、更有效率的核能容量加入。

2009年1月美國政黨輪替，民主黨的總統歐巴馬上任。傳統的民主黨在核能的推動上並不如共和黨積極，因此削減了部分核能計畫的經費，例如在2009年提出的隔年度財政預算中，要求將「核電2010計畫」的經費減至2,000萬美元，而原本規劃的預算為1.21億美元，這形同宣告整個興建計畫必須延後，因而遭到核能產業界的反彈，最後在參眾兩院協商後，同意將經費增至1.05億美元。除了這件措施外，歐巴馬政府基本上仍延續「能源獨立」以及「控制碳排放量」的政策，將核電做為美國國家長遠能源戰略的一部分。

2010年2月，歐巴馬更宣布提供80億美元的貸款保證，促成1979年來第一次超大型核能電廠的興建計畫。畢竟，在溫室效應逐年惡化、中東局勢不穩的年代裡，核能對美國來說是必要的能源之一。歐巴馬的這項補助將使業者得以在喬治亞州伯克（Burke）一處現有的核子設施中新建兩座超大型核反應爐。

日本福島核電廠事故發生後，雖然再度掀起一陣有關核安問題的討論，但美國發展核能的方針基本上不變。2012年2月，美國核能管制委員會（NRC）通過兩座大型核子反應爐的興建計畫，雖然有部分人士擔心福島核災中的安全疑慮尚未完全解除，但NRC最終仍以4：1的票數，通過在喬治亞州南方公司（Southern Co.）的佛格托（Vogtle）核電廠興建兩座各1,100百萬瓦的AP1000型反應爐。這項計畫被美國能源部號稱為「美國

核能的復甦」。

法國

法國是世界第二大的核能發電國，也是核能占全國發電量比例最高的國家。全法國一共有58部核能發電機組，共製造63.1百萬瓩，占全國總發電量的77.7％。

早在六〇年代，法國就迅速掌握了核能發電的技術，並擁有製造核武的實力。由於法國國內幾乎沒有石油與煤礦，能興建水壩的水域也趨於飽和，使得法國從七〇年代起投入了核能發電的懷抱。之後法國不僅在國內開發鈾礦，還與尼日、澳大利亞以及蒙古等國合作開發鈾礦，以供應國內龐大的鈾燃料需求。很快地，法國從缺乏天然能源、仰賴電力進口的國家，一躍成為世界第四大能源消耗國，也是最大的淨電力輸出國，法國電力公司（EDF）每年將總發電量的15％出口至鄰近的德國、義大利、英國、荷蘭等國，並藉此賺進30億歐元。

今日的法國能源自給率是50％，專家統計，若沒有發展核能，將只有8％。雖然法國仍需由國外進口鈾礦，但鈾礦價格波動不大，足以維持長期的供電穩定。

2005年，法國通過《能源法》，揭示了未來能源發展的四大目標：一、確保能源的穩定供應，使法國朝向能源獨立邁進。二、確保能源價格的競爭力。三、為地球暖化的問題作出貢獻，並保護國民的健康與環境。四、讓清潔且廉價的能源普及全國，設法消除社會上與地區上的等級差別。這一法案等同於宣布法國未來仍會以核能作為主要發電來源。

2011年的福島核災為這個核能為主的國家帶來了不小的衝擊,但法國政策仍朝向「持續使用核能,但加強核能安全」的方向前進。法國前總統薩柯吉(Nicholas Sarkozy)於福島核災後不久即宣布,這一次核事件將不會對未來的核能計畫造成負面影響,法國仍將仰賴核能發電。不久後又宣布將追加投資10億歐元,致力於核能發展。另一方面,法國能源部針對每一座核能機組重新進行安全檢查,並召集阿雷瓦(Areva)核能集團及各大電廠研商提升核能發電安全之對策。

2012年,薩柯吉競選連任失利,社會黨的弗朗索瓦·歐蘭德(François Hollande)宣布將著手推動法國能源結構改變,預計在2025年,核能發電量將減至全國比例的50%。不過,政府未來仍將在能源領域投入5,900億歐元,其中的2,620億歐元會用於核能電廠的維護和升級,1,800億歐元則投資風力、太陽能和生質能等再生能源領域,1,700億用於提升能源效率。

核能小辭典

◉EDF:法國電力集團(Electricite De France)成立於1946年,是負責全法國發、輸、配電業務的國有企業,負責電力設施的設計、建設和運營。法國電力集團2000年發電量達到4,820億瓩,其中核能發電占82%,水力發電占13%,火力發電占5%。為歐洲最大的電力出口企業,同時也是世界能源市場上的主力之一。

◉AREVA:亞瑞華,為一家法國國有的核能工業公司,在

全球核電行業中排列首位,該集團在再生能源領域也發展迅速。現任集團執行委員會主席是盧克·烏塞爾(Luc Oursel)。2011年,阿海琺的年營業額為89億歐元,年底總訂單為456億歐元,全球僱員人數將近五萬人,2003年於台灣設立辦事處。

日本

日本為世界第三大核能發電國,在福島核災前共有54部發電機組(核災後4部毀壞),共44.2百萬瓦容量,占全國總發電量的27%。日本與法國的情況類似,由於國內缺乏天然能源,因此很早就開始研發核電技術,1963年正式啟用第一個核電廠,並在之後的數十年穩定成長。要是日本不發展核能發電,能源自給率將只有4%。

2006年,日本政府公布「核能立國計畫」,期望實現全球能源永續發展,並確保日本能源供應安全,具體內容包括:一、提高現有核反應爐的運轉效率,直到核能發電占全國總發電量的30%甚至40%以上。二、繼續投資新建、擴建和改建核能電廠,在2030年底前新建十四座以上的核電廠。三、增建第二座核廢料處理廠。四、加快新一代核反應器的示範建造、並將試運轉日期提前至2025年。五、積極參加美國主導的全球核能夥伴計畫(GNEP)。

當時,日本社團法人原子力產業會議(JAIF)樂觀預估,到了2050年時,全國的核能發電將占總發電量的60%。2008年

10月更發表了「2100年核能願景——對低碳社會的建言」，評估到了2100年時，對石化燃料的依賴度將從如今的85％降低到30％，二氧化碳的排放量降低到現在的十分之一。

福島核災之後，日本的核能發展首當其衝遭遇了巨大阻力，日本政府隨即放棄原訂於2030年底前新建十四座以上核電廠的計畫，而現有的五十座核反應爐則陸續停機檢查，僅政策性留下2座維持運轉。2012年5月5日，北海道電力公司泊核電廠的核子反應爐停機後，至此日本國內所有核電廠皆宣告熄電，原先對核能依賴度高達27％的日本正式進入「零核時代」。

然而，這個零核時代並未持續多久，5月14日，福井縣大飯町議會就同意關西電力公司重啟大飯核電廠的發電機組，這麼做除了為應付接下來的夏季高峰用電外，核電廠的長期停機也對當地經濟造成了嚴重的傷害。這個決議隨後便送交福井縣知事裁決，6月16日，日本政府正式宣布重啟核電廠的決定。由於核災才剛經過一年，這個決定立刻讓日本民眾產生一陣不滿，但時任首相的野田佳彥回應：「停止運作核電廠，將無法維持社會在夏季用電的巔峰期，一旦關西缺電15％，突然停電，將會帶來生命危險，有人會無法工作，也有人會失業。」他又強調，「絕不讓福島核災再發生，已做好預防核災的對策與體制。」日本政府已鐵了心要重啟核電，並不是福島核災的教訓已被淡忘，而是非核能不行。

2012年9月14日，經過公開評論、意見公聽會、討論型民意調查、自主說明會、媒體意向調查等五種國民參與方式後，日本政府提出「革新能源環境戰略」，其中包含以下數點：

一、儘早實現零核電：

嚴格執行核電廠運轉四十年限制、核電廠必須通過安全確認後才得以再啟動，且不再增設新的核電廠。

二、實現綠色能源革命：

擴大節能投資與措施，並積極發展再生能源。

三、確保能源安定供給：

提高火力發電效率及熱汽電共生之熱利用，並確保穩定便宜的化石燃料來源。

四、電力系統改革：

促進電力市場競爭，推動輸配電部門的獨立化及擴大輸配電範圍。

五、厲行阻絕全球暖化對策：

修定溫室氣體減排目標，推動造林，落實國際減量技術合作。

同時，日本政府又提出了「2030年零核電」的政策構想，但這涉及全國經濟發展等重大課題，因此內閣最終僅作出了「未來能源政策將參考相關的地方政府和國際社會議論，持續進行修正」的結論。儘管是這樣，仍造成了日本能源經濟研究所（IEEJ）與各工商團體的強烈反彈，政府不得不在9月19日更改說法，表示「這個計畫是要降低日本對核電的依賴，並未設定2030年零核電的目標」，日本經產省之後更允許島根和大間二座興建中的核電廠復工，顯示出政策與現實有許多矛盾。

根據經產省估算，若日本真的將全國五十座核能機組永久報廢的話，擁有這些發電機組的十家電力公司將損失高達4.4

兆日圓，這個金額占這些公司淨資產的75％；同時，若以火力發電完全取代核電，日本每年將額外支出3.1兆的燃料費。2012年，日本為進口8,700噸液化天然氣供應發電，共付出6兆日圓，使得日本這一年的貿易赤字高達7兆日圓，創下歷史新高。高昂的發電成本也反映在電價上，東京電力公司分別調漲了家庭電價8.46％、企業電價14.9％，並重新制訂了新費率；關西電力公司平均調漲11.88％；九州電力公司調漲一般家庭用戶8.51％，企業部門14.22％，若是小型的電力公司，漲幅甚至高達20％以上。

高電價也會讓高耗能產業失去競爭優勢，造成產業外移與空洞化。經產省調查後發現，電價上漲會加速69％的企業將產業外移，例如鋼鐵業、汽車製造業、電子業等，這將會立即影響到42萬人的就業。

2012年12月，日本政黨輪替，新任首相安倍晉三於12月21日公開表示要重新檢討民主黨政府制訂的「零核電」核能政策，並研議新的能源戰略。2013年2月28日，福島核災即將屆臨二週年之際，安倍更在眾議院施政方針演說中宣示：「政府會在安全無虞的情況下，再度啟動核能發電。」以避免產業空洞化，並早日擺脫通貨緊縮，確保能源穩定供應及降低能源成本。

日本是福島核災的發生國，礙於國內的反核聲浪與恐核情緒，目前全國五十座核反應爐尚未完全重啟，但在火力發電成本高漲，而國內用電量高居不下的情形下，重新再回到核能的懷抱也只是時間早晚的問題罷了。

俄羅斯

　　俄羅斯是世界第四大核能國，有三十一部核能發電機組，發電量23.6百萬瓩，占全國17.6%的電力。

　　早在蘇聯時代的1954年，就在歐伯寧斯克興建了人類史上的第一個核能發電廠。冷戰時期，為了與西方各國進行軍備競賽，更是大力推行核能計畫，這也使得蘇聯境內核電廠遍地開花，一直以來，蘇聯靠著核能技術以及豐富的鈾礦取得了大量的經濟來源。2006年時，俄羅斯政府宣布，要在2020年時讓核能發電量達到全國總發電量的23%，並於隔年訂出了一個至2020年為止的核電廠興建計畫。計畫中，俄國將自2009年起每年新建一部核能機組，自2012年起每年新建二部機組，自2015年起每年新建三部機組，自2016年起每年新建四部機組。按照這樣的規模發展下去，預計到了2020年時，俄國全境的核能發電將能產生3,530億度電，而2006年只有1,564億度，足足成長2.3倍。

　　除了出於軍事考量外，俄羅斯為八大工業國家（G8）之一，國內工業發展迅速，對於核電的需求極大，同時俄羅斯為高度極權國家，反核運動較不興盛，因此儘管史上最嚴重的車諾比核災就發生在蘇聯，但俄羅斯政府始終維持一貫的核能發展政策。即使是在鄰近的日本爆發福島核事故之後，俄羅斯仍宣布在北極設置全球首座外海浮動核電站，目前這座核電站已開始動工，它由二座小型反應堆組成，預估發電量可達70百萬瓦，足以供3.5萬戶家庭使用。未來，俄羅斯還將陸續建造另外

6座海上浮動式核電站。

韓國

在德國政府宣布加速廢核後，韓國便成為世界第五大核能發電國，擁有二十三台發電機組，產生20.8百萬瓩，占全國總發電量的34.6％。

韓國的第一個核電廠興建於1978年。由於南韓缺乏自產能源，98％能源仰賴進口，因此積極發展核電以確保供電穩定。九〇年代時，韓國的核電建設已達到了自主化、國產化，最後幾個運作的機組中有六組是韓國按本國標準獨力設計建造的。舉例來說，核電廠能力因素（capacity factor）是一個核電廠發電管理水準的重要指標，而韓國的該項指標在2005年就達到95.5％，比世界平均水準高出了16.2％。透過這些累積的技術和經驗，韓國積極進軍海外核電市場，如今已有部分核電設備可外銷至美國和中國等國。

2008年，南韓召開每隔五年舉辦的國家能源基本計畫檢討會，制訂出在2030年將石油依賴度降低10％至33％，並計畫新建十一部核能發電機組，將核能發電量由當年的26％提升至41％。到了2009年12月，韓國電力公司技壓美國、法國，取得了在阿拉伯聯合大公國建造四座1.4百萬瓩核反應爐的200億美元合約，第一座預計將在2017年開始運轉。如加上核電廠後期營運、維護及燃料等費用，這份合約總價值可望達到400多億美元，可說是史上規模最大的核電廠訂單。

這件事激勵了韓國的核能發展。韓國政府進一步宣布，將

擴大推動核電出口產業化，在2030年前出口80座核電廠設備，將韓國在世界核電廠市場的占有率提高到20％以上；而國內的發電比例則希望在2024年達到50％，2030年達到59％。

　　福島核災之後，韓國仍表態持續推動核電發展，並規劃在2024年將核能發電比例由2011年的24％提高至31.9％，火力發電則由62％降至52.2％。雖然國內也有民間團體發起反核活動，但對缺乏天然能源的韓國來說，現階段仍沒有取代核能的有效方案。2012年底上任的總統朴槿惠也宣布，韓國核能政策會維持既有的方向與發展不變。

中國

　　中國的核電技術發展只有二十餘年，但近年來急起直追，目前已是世界第八大核能發電國。全國共有十七座發電機組，產生12.8百萬瓩的電力，占總發電量的1.9％。

　　中國第一座核能電廠建於1994年，從那時起中國政府就積極推動核能發電計畫，由於中國工業迅速發展，電力需求每年以8％以上的成長率飆升，因此核能的發展潛力相當受到重視。如今，中國無論在核電技術研發、設備製造、工程設計、工程建設、安全維護及營運管理等方面，都已具備相當的基礎與實力。

　　2006年，中國政府提出「核電中長期發展規劃」，指出到2020年時，全中國的核能發電量將能超越法國，達到70百萬瓩，占全國總電量的4％；到了2030年時，目標達到250百萬瓩，占全國16％。這個史上最大規模、也最激進的核計畫宣布後，

中國各地便開始了如火如荼地核電廠建設。截至今日，全中國仍有二十五個核反應爐正在興建中。

福島核災發生次日，中國環境保護部副部長就宣布，中國發展核電的計畫不會因此改變。雖然中國政府事後仍暫時凍結了所有新核電廠的申請批准，並對現有的核反應爐進行安全檢查與補強，但核能仍將是未來中國的重要能源供應來源之一。

2012年，中國政府又進一步宣示，未來將著力發展第三代核電廠的設計和建設（目前中國運行中的核電廠均是第二代）。並保證在極端安全的前提下，穩定而持續地推行核能發電計畫。

英國

英國目前擁有十六部運轉中核電機組，製造9.2百萬瓩電量，占英國總發電量的15.7％。由於老舊機組陸續退役，這個數字將會逐步下降。

自1988年之後，英國就沒有再增建新的核能電廠，依照現行的計畫，未來十年內英國將陸續汰除現役九座核電廠中的八座。這將造成未來十年英國核能的發電規模萎縮至現有的十分之一，並在2018與2023年分兩階段完全除役。但即使如此，目前英國仍有3％的電力是由法國的核電廠供應，等同於間接地使用核電。

2006年，英國政府進行國家級能源政策評估，並作出「能源安全」及「減少二氧化碳排放」兩項最終結論。出於這樣的結論，英國政府幾年來大力推廣風力發電，沒想到，風力發電

高昂的技術與建設成本反而使電價居高不下，讓英國陷入「能源貧窮」──即英國人一年需花費所得的10％購買能源。有專家評估，如果英國優先捨棄風力發電政策，轉為依靠核能，那麼在達成2020年歐盟碳排放標準的同時，還能減少450億英鎊的支出。

正因為這個原因，英國與鄰近國家不同，反而是由民眾支持核能。卡迪夫大學（Cardiff University）在不同時期做過數次「公眾對氣候變遷及能源的未來」民調，民調結果顯示，支持興建更多核電廠的比例在2005年及福島核災發生後的2011年分別為9％與23％；而認為該關閉英國境內所有核電廠且不再新建的人則分別為15％與11％。

2011年9月，英國科學協會（British Science Association）也委託民間公司進行的民調。民調結果顯示，41％的民眾認為核電廠的利益能大過其風險。同時，有51％的受訪民眾對德國的廢核政策表示不以為然。現任英國首相卡麥隆（David Cameron）更表示，英國未來不但不會放棄核電，還提出興建八座新的核電廠，二十二座核能機組，將核電比例提升至40％的計畫。

英國是個高度重視氣候變遷問題的國家，煤炭、石油等高污染產業在英國國內都遭受到極大的困境，從2013年起，化石能源業者更必須支付「碳排放稅」，平均每排放1噸的溫室氣體，就必須課徵4.94英鎊的稅，這更加有利於核能業者的產能擴大。不過，英國也是個高度民主的國家，國內早已全面推動電力自由化，因此，對於未來的能源型式，政府也希望能藉由

市場機制由民意自行決定。

德國

　　德國原有十七部核能發電機組，提供20.5百萬瓩電量，占全國發電量的25％。福島核災後兩個月，總理梅克爾宣布加速廢核，並逐步關閉多所核電廠。截至今日，德國僅剩九部運行中的核能機組，提供12百萬瓩電量，但仍占全國發電量的17.8％。

　　德國的核電工業於七〇至八〇年間蓬勃發展，但受到1989年的車諾比事故影響，加上少數政黨聯盟執政時期宣揚反核思想，2001年6月，德國政府與主要電力公司達成協議，決定逐步關閉全國的所有的核能電廠，平均每一部核電廠的壽命為三十二年。

　　2010年9月，梅克爾政府重新檢討廢核政策，提出了能源政策的行動綱領——「能源概念計畫」，除規劃現有核能機組延後除役外，還計畫課徵核燃料稅，以用作再生能源的發展與能源效率改善之用。同年，又修訂《原子能法》，將1980年前興建的七座核能電廠延役八年，其餘十座核能電廠延役十四年。

　　2011年日本福島核災後，德國政府基於民意，緊急宣布了廢核時程，修訂《和平使用核能和防止核損害法》，規定既有核能機組將不延役，於2022年以前全數除役。在核災發生後不久，德國境內七座最老的核電廠立即停止運轉，並永遠不再使用，還有一座因技術問題停機的核電廠，也將永遠關閉；六座核電廠預計將在2021年前陸續達到使用年限，至於1988年後建

造的三座核電廠，則會一直運作到2022年底。

德國廢核的決定至今仍存在諸多爭議，另一方面，由於配套措施尚不齊全，德國國內也隨即遭遇諸多衝擊。首先，德國政府必須面對電力公司的巨額求償，德國最大的電力公司「E.ON AG」便向政府求償了80億歐元，以彌補他們在淘汰核能上面臨的損失；第二大電力公司RWE也在法院文件中提到，他們位於德國中部的二座核發電廠已因此損失20億美元；第三大核電營運廠Stockholm-based Vattenfall則向國際仲裁委員會提出訴訟，目前尚未評估出損失金額。受到電費上漲影響，各產業也同樣面臨冰河期，德國第一鋼鐵廠受到廢核政策影響，已大幅裁員五千餘人；而鋁業、紙業、水泥與化學廠商亦無一倖免，紛紛閉廠或轉移海外。

2012年9月，德國國有投資銀行KfW估計，到2020年為止，因應廢核政策的能源轉換支出花費將高達2,500億歐元。這個數字到了2030年，會再累積至1.4至1.7兆歐元，而這些都會反映在電價上面。自從2005年德國推行能源轉型政策後，電價在七年內漲了44％，2013年又上漲了12％左右，這使得德國的電費在歐盟國中一直偏高，目前德國一度電約12.2台幣，每個家庭一年平均要花費1,200歐元的電費。

其他國家

福島危機爆發後，歐洲多個國家仍以核能發電為主要電力來源，烏克蘭目前有十五座核電機組，占全國發電量的47.2％，瑞典有10座機組，占全國發電量39.6％，西班牙有八

座，占全國發電量19.5％等。

瑞士自1969年就蓋了第一部核能發電廠，至1984年為止一共蓋了五部核能機組運轉，製造3.2百萬瓩發電量，占全國總發電量40.9％。1990年，瑞士舉行全民公投，通過了十年內停建核能電廠的決議。1998年時，又公投決定在2014年完全廢除核電。但受到溫室效應議題的影響，2003年又取消了廢核的決定，並於2007年頒布了新的能源政策，並計畫新建三部核能機組。到了2011年，受到福島核災的影響，這項計畫胎死腹中，未來的瑞士將不再續建核電廠，直到現有的核電廠在2034年全部退役，成為無核國家，替代能源則以再生能源為主。

瑞典是目前全球唯一課徵「核能稅」的國家，擁有十部核電機組，製造9.3百萬瓩電量，占全國總發電量39.6％，並實際供應全國約一半的常用電力。1979年美國發生三哩島事件，瑞典議會決定停止擴張核能，並預定於2010年開始進行現有核電廠的除役。但這項決議卻受到來自各界的壓力，同時，當時剩餘的機組還可運轉四十年，提前廢核將造成浪費。瑞典民眾也大多認為，抑制溫室氣體的排放才是環境保護的首要議題，而核能發電正是達到此一目標的重要選項之一。為了因應民意，2008年5月瑞典政府宣布成為「將邁向2020年不再用石油的國家」，並支持繼續發展核電，這項政策至今仍未改變。

義大利國內至今沒有任何核電廠，它在五○年代曾採行核電政策，1987年車諾比核災後，國內舉行公投，決定全面停止核能發展。這項決議在1991年被執行，義大利所有的核電計畫宣告終止，反應器也全部關閉。由於義大利仰賴進口化石燃

料，一直以來電價比歐洲其他國家要昂貴許多。2009年，歷經多年的討論與評估後，義大利參議院通過了能源法案，宣布於2014年重新啟動核能，計畫在2030年前達到核電比例20％。但在福島核災後，核能計畫再度遭到質疑，義大利遂於2011年6月舉行公投，最終以投票率57％、支持率96％的壓倒性票數，通過了廢核的決議。

　　美洲國家除了美國之外，加拿大也是世界主要的核能發電國（第六大國），一共有十九部核電機組，生產13.7百萬瓩電量，占全國總發電量的15.3％。加拿大同時還是世界鈾礦儲量第三大的國家，僅次於澳洲與哈薩克，先天的優勢讓加拿大從1962年就興建了全球第一座重水式天然鈾反應器（CANDU），並一直維持贊成核能發電的立場。由於加拿大一直推行著「清潔空氣策略」，在京都協議之後，核能更被作為解決溫室氣體問題的有效方案之一。

　　印度國內共有二十座核能發電機組，數量高居全球第六，但發電量只有4.3百萬瓩，占國內總發電量的3.7％，是中國的三分之一。由於缺乏化石燃料，印度自1970年起就將核能視為保障國家能源自主的重要選項，並預計在2000年時能占全國總發電量的十分之一。然而，由於技術問題，加上1974年印度核子試爆後西方國家實施核子禁運，截至2002年，核能發電仍占不到印度總發電量的2％，遠低於其他國家。2006年，印度與美國簽署《美印和平利用原子能合作法》，同時解除兩國的核子禁令。印度因此發下豪語，要在2050年前增加一百二十倍的核能發電量，達到總發電量的25％。儘管印度的態度樂觀，但這項

核能開發合作需要極長時間，可以預期印度電力嚴重短缺的窘境短期內還不會終止，而未來化石燃料仍將繼續主導印度的能源供應結構。

世界主要國家對核電立場整理

國別	現有核反應爐	發電量（GW）	占總發電量比（%）	對核能發電的立場
美國	104	101.465	19.3	維持核電發展，2012年2月時又再次通過兩座新的大型核反應爐興建計畫。
加拿大	19	13.690	15.3	維持核能發展，作為「加拿大清潔空氣策略」之主要電力來源。
墨西哥	2	1.530	3.6	維持核能發展，並指出核能是外部成本極低的發電最佳選擇。
巴西	2	1.884	3.2	暫緩核能發展，除了完成興建中的第三核電廠外，2021年前將不再興建新的核電廠。

阿根廷	2	0.935	5.0	維持核能發展，第三部機組已於2013年6月運作。第四部核電機組的興建計畫正在評估中。
法國	58	63.130	77.7	目標在2025年將核能發電降至全國發電總量的50%。
英國	16	9.246	15.7	維持核能發展，目標在2030年將核能比例增加到40%，2050年前新建二十二座核電機組。
愛爾蘭	0	0	0	福島核災後，核電計畫中止。國內以天然氣發電為主。
德國	9	12.068	17.8	宣布於2022年底全面廢核。
西班牙	8	7.560	19.5	福島核災後傾向廢核。2011年底政黨輪替，新執政黨立場傾向支持核電。

葡萄牙	0	0	0	1995年政府宣布不再設置新核電廠。國內以再生能源發電為主。
比利時	7	5.927	54.0	宣布於2025年全面廢核,但法條保有彈性空間。
義大利	0	0	0	公投決定不重啟核能發電。
希臘	0	0	0	目前無發展核電之計畫。
俄羅斯	33	23.643	17.6	維持核能發展,目標在2020年核能發電量成長一倍。
烏克蘭	15	13.107	47.2	維持核能發展,預計在 2030年之前再增設十一座新的核電機組。
亞美尼亞	1	0.375	33.2	維持核能發展,預定將現有核電機組延役至2026年。

羅馬尼亞	2	1.300	19	維持核能發展。未來將新建更多的核反應爐。
斯洛伐克	4	1.816	54	維持核能發展。已計畫興建一座新的核能發電廠。
斯洛維尼亞	1	0.688	41.7	維持核能發展，現有核電廠將於2023年退役，將新建一座第三代核電廠替代之。
荷蘭	1	0.482	3.6	維持核能發展，將國內唯一一座核電廠延長使用年限至2033年。
瑞士	5	3.278	40.9	宣布於2034年全面廢核。
奧地利	0	0	0	1978年即以公投決定廢核，並於1997年立法禁止核能發電。
瑞典	10	9.395	39.6	維持核能發展。目標「2020無石油國家」。

國家	數量	發電量	比例	說明
芬蘭	4	2.736	31.6	維持核電發展。
挪威	0	0	0	1979年議會否決核電廠興建計畫，至今國內用電以水力發電為主。
丹麥	0	0	0	1985年立法禁止核電，至今國內以火力、風力發電為主。
匈牙利	4	1.889	43.3	維持核能發展。與斯洛伐克、捷克和波蘭共同聲明贊同核能發電的立場，以應付國內缺乏化石燃料的困境。
保加利亞	2	1.906	32.6	2013年1月舉行停建核電廠公投，因投票率未達門檻，故未通過。
捷克	6	3.766	33.0	維持核能發展。目標在2040年將核能發電比例由目前的30％提高至50％以上。

日本	50	44.215	18.1	國內五十座核電廠大部分已停止運作。但首相安倍晉三表示「會在安全無虞的情況下重啟部分核電廠。」
韓國	23	20.814	34.6	維持核能發展。目標2030年核能發電量成長至總發電量的41％。
新加坡	0	0	0	無興建核電廠計畫，但不排斥。
中國	17	12.816	1.9	維持核能發展，目標2020年核能發電量成長至總發電量的16％，興建核能發電廠地點以沿海地區為主。
印度	20	4.391	3.7	維持核能發展，目標2030年核能發電量成長至總發電量的13％，2050年達到25％。

巴基斯坦	3	0.725	3.8	維持核能發展。興建中的兩座新型核能機組預計於2016年正式運轉。
伊朗	1	0.915	小於1	維持核能發展，預計2014年之前再新建一座第三代核電廠。
沙烏地阿拉伯	0	0	0	預計將於2013年興建首座核電廠。
越南	0	0	0	2014年開始啟動100億美元的核能發電計畫，預計2020年啟用。
菲律賓	0	0	0	1984年首度興建核電廠，因技術問題宣告失敗，從此未再發展核能。
南非	2	1.830	5.2	維持核能發展，計畫在2030年前再增設六座核能反應爐。

擁核理由 *13*

我們必須面對現實

將已花的三千億作廢，台電將「實質破產」。

　　歷來台電似乎總是在提出新電廠的興建計畫時，刻意低估興建費用，以使興建案順利通過政府評估。待確定建廠後再逐步調高費用，這時立法院不得不追加預算，否則若電廠中途停工，將會造成原先投入的大量成本與費用血本無歸。等通過第一次追加預算後，台電往往又會再如法炮製，要求第二次、第三次、甚至第四次追加預算。

核四並非唯一追加預算的工程

　　追加預算這樣的做法早有先例，早在提出核二廠的興建案時，台電起初的核定預算為219.55億元，經過了四次追加之後，最後完工實際支出610.72億元，是原預算的2.78倍；核三廠的原核定預算為357.74億元，期間又追過三次追加，最後實際支出903.21億元，是原預算的2.52倍。

　　而核四廠在1991年提出的工程總預算為1697.31億元，到了

2004年追加190.42億元，2006年又追加447.78億元，2009年追加401.05億，到了2013今年再度追加102.22億，如今總投入金額已高達2838.79億，是原預算的1.67倍。台電近期已再度追加462億元，若順利通過，最後的總預算將到達3,300億，等同於原預算的1.94倍。

這種刻意謊報、欺瞞大眾的行徑當然不可取，但是根據台電目前投入的經費判斷，再對照核二、核三廠的例子，我們也能意識到核四廠即將邁入完工階段。根據行政院公共工程委員會在2013年3月初指出，核四的一號機組執行進度已達到95％，二號機組達到92％，整體核四工程計畫進度已達到總進度的93.61％，而主體工程幾已完成。也就是說，核四廠目前已經實質完工，僅剩下安全檢測與收尾工程，因此根本不存在「續建」或「停建」的問題，其實只有運轉與否的問題而已。

核四如不運作，沉沒成本高達三千億！

事到如今，若是核四不運作，則目前已投入建設的近三千餘億元將會瞬間蒸發，除此之外還須支付國外廠商100億元違約金。3,300億元有多少？以其他大型建設來比較，台灣高鐵的總造價為4,806億元，一座台北101的總造價為580億元，目前規劃中的台北雙子星建案預計將花費700億，台北捷運的每公里造價約為57.51億。粗略計算過後，我們能算出這座興建中核四廠，價值等同於0.7座高鐵，6棟台北101，5個台北雙子星，或是在台北鋪設捷運55公里長，相當於繞台北市半圈。可想而知，如果將它廢棄，將會是台灣有史以來最大的經費與成本虛耗。

　　同時，台電斥資了3,300億建造核四廠，這些開銷必須靠著未來發電的收益來達成平衡；若是將核四廢棄不用，這3,300億元形同直接計入台電公司的赤字上，而這個數字正好是目前台電的總資本額。也可以說，在核四宣布停建、廢止的那一刻起，台電公司已經實質破產，由於台電是國營企業，同時供應了全台灣99％以上的電力，一旦它破產，將會對國內的政治、經濟、民生帶來極為劇烈的影響。

　　事實上，沒有一間公司能夠承受將旗下剛建成的生產設備一夕作廢的代價。例如，台積電目前總資本額為2,600億，它計畫於民國103年再於台中科學園區興建一座18吋晶圓廠，設廠成本高達4,000億，比整座核四來得昂貴。這間晶圓廠的收益全部都在未來，必須等工廠運轉後才能將資金回收；若是在工廠完工前、或是剛完工的時候直接廢棄，就連台積電這一間偌大的公司也會瞬間破產！

　　民間有環保團體指出，核四廠要運作，除了要追加台電提出的462億元經費外，後續還有龐大的燃料成本與核廢料處理費，加上核四退役後的拆除費用，金額恐怕高達1兆。事實上，這些都已經算在一個核電廠的正常發電成本中，若以一座天然氣發電廠來比較，加上燃料費與設置成本，運轉四十年的成本將超過2兆，遠遠高於核四。這個數字還不包含上文提到的「外部成本」——即污染與發電過程為人命與環境帶來的危害，而核能發電卻早已將廢料的處理計算在發電成本內。早在決定興建核一、二、三廠時，政府就已經將這些未來的開銷列入考慮，並未存在任何不合理之處，理所當然，核四也該以同樣的

標準看待。如今剩下的問題就是剩餘的462億元追加預算是否要通過並執行了，對照核四廠目前已燒掉的2,838.79億元，答案或許已不言自明。

結語

唯有核能，才能穩定發展

核能發電有善也有惡，但在目前的客觀環境下，是必然的選項。

　　核能發電擁有各項優勢，但也擁有許多爭議之處。必須認清的現況是，不論發展核能與否，核能也僅僅是再生能源普及前的選項之一罷了。從上面十三大理由看來，我們可以了解到，擁核不應該被污名化，總合成下述五大結論，在目前的現實環境之下，擁核為必然的選項：

一、唯有核能的能源效率，能支撐台灣的經濟發展。

二、唯有核能這項發電方式的風險最低。

三、唯有核能才是最環保且低碳的發電方式。

四、唯有核能，國人才有人人用的起的電力。

五、唯有核能能夠供應穩定而持久的電源。

　　全球的石油預估將在五十年後耗竭，而如核融合技術不能如期研發，核燃料也將在八十年後用完，毫無疑問，數十年、數百年後人類將完全仰賴再生能源，但殘酷的事實是，現今的

再生能源在發展上存在著高成本及技術不成熟的致命缺點，在它們能夠被人類大規模使用之前，我們被迫要作出當下的選擇。

目前的台灣社會存在各種「反核」與「擁核」的觀點，這固然是民主社會精神的體現，但在資訊泛濫及部分激進人士操弄下，也使得媒體上充斥無數聳動不實的言論，並造成群眾以不理性的態度看待核能。我們必須明白，核能也只是能源的一種形式，一樣有利有弊，而核四廠的運作與否更是如此，唯一不爭的事實只有一點，就是這一選擇將為台灣帶來深遠的影響，無論是誰，都應該理性地看待核能的正反兩面，而也唯有理解真相，才能作出不令自身後悔的選項，加油！台灣。

Part 3

世紀大公投

公投在台灣並非新鮮事，大家一定對2004年與2008年與總統選舉同時舉辦的全國公投不陌生，但你知道嗎，早在過去就已經舉辦過4次地方性核四公投了！公投究竟能不能決定核四去留？核四公投題目怎麼定，有什麼差別？為什麼現行公投法被戲稱為「鳥籠公投」呢？就讓我們繼續看下去。

Referendum is a real form of
direct democracy which voters can
voice an opinion *on a major issue.*

我們該如何看公投？

公投？公投！

公投的意義與演進

　　公民投票（referendum）是一個高度民主國家必然會出現的要素，它的意義是「公民就被提議之事案，表明贊成與否」時，所舉行之投票。它代表的是一種「直接民主」制度的體現，這也是「公投」與「選舉」的最大不同。

　　中華民國憲法保證人民「選舉、創制、複決、罷免」四項基本權利，其中「選舉」早已為大眾熟知，至於後三項，「罷免」指投票人對公職人員在其任期結束前免除其職務的制度，「創制」則是公民經一定之連署程序，提議制定或修正、中止、廢止法律、政策之制度，「複決」則是公民對法定機關所提出或公民所提出之事案表明可否的制度，這些都屬於「公投」的範疇。

　　「選舉」是由所有公民選出代表（代議士）組成議會，由議會來決定有關的重大事務，因此實際上公民並沒有直接參與政治的運作，故被稱為「間接民主」；而「公投」則不同，由於「創制、複決、罷免」三種制度是由公民完全主導，能夠直接形成決策，並具法定效力，能直接約束國家機關，因此稱為「直接民主」。也因此，一個民主政制若少了公投，就不能算是完整的民主。

　　為了補救代議制度之各種缺陷，直接反映人民需求，避免

世紀大公投

代議士的獨斷或扭曲民意，全球各個民主國家在近幾個世紀以來陸續催生了自己的公民投票法。最早的公投案例可追溯至1780年美國麻塞諸塞州的憲法公投；到了1793年，法國也將當時國民公會制定的憲法（1793年憲法），提交全國公民投票。隨後法國、瑞士、瑞典、丹麥、德國等均相繼實施。1848年，瑞士通過了世界最先進的「瑞士公投法」，並在往後的一百多年逐漸發展為公投體制最健全、決定事項最廣的一個國家。每年四季，瑞士都會各舉行一次公民投票。1940年以來舉辦的次數不下四百次，內容涵蓋甚廣，而且每次投票都有結果；例如1986年，瑞士人以75％比25％的懸殊比數否決了正式加入聯合國的提案，但到了2002年的公投卻以超過半數的比例要求政府加入聯合國。

　　二十世紀中葉以後，公民投票已幾乎成為各國落實「國民主權」與「直接民主」的指標。歷史上全世界一共舉行過上千次公民投票，投票議題千奇百怪，小至經濟法案、民生公共建設、申辦大型活動等事項，大至憲法修正案、領土主權變更、政府單位調整、爭議性的道德問題等；不過，這些公民投票基本上仍不出憲法精神的規範，以避免公投成為政客推卸責任的工具，或是投票結果受民粹主義左右，造成國家社會的分裂。

公投可決定的事項

　　公投可以決定一地人民的歸屬。加拿大的東北省份魁北克（Québec）在1980年舉行了第一次獨立公投，結果以反對票59.56％、贊成票40.44％遭到否決；到了1995年又舉行了第二

次公投，這一次的贊成票大幅增加至49.42％，但仍然敗給了50.56％的反對票。帝汶島東部在1999年也舉行了獨立公投，以78.5％的壓倒性票數通過獨立法案，並於2002年正式脫離印尼，成立東帝汶民主共和國。蒙特內哥羅（黑山）共和國過去屬於南斯拉夫聯邦，在九○年代聯邦各國紛紛獨立時，國民以95.96％的票數通過了留在聯邦內的決議，但隨著國際局勢的改變，最後還是在2006年以公投的方式正式獨立。

　　像這種不透過戰爭，靠著公民投票成立國家的例子多不勝數，目前歐洲的克羅埃西亞、馬其頓、摩爾多瓦，非洲的幾內亞、厄利垂亞等國的建國史中都有著公投的影子。最近的一次例子為2011年的南蘇丹獨立公投，以98.83％的超高比例自蘇丹共和國脫離。今年1月，英國首相卡麥隆同意了蘇格蘭的獨立公投，預計將在2014年秋天舉辦。自從1707年蘇格蘭與英格蘭合併以來，已有三百年的歷史，即使是關係如此密切的兩個地區，仍然有可能因為一場投票而宣告分家，足見公民投票之力量。

　　七○年代初，丹麥、英國與愛爾蘭等三國陸續加入歐盟，在挪威國內掀起了一陣廣泛的討論。於是在1972年舉行了是否加入歐洲共同體的公民投票，結果反對人數占比為53.5％，否決了46.5％的贊成派。1994年，挪威再度舉行是否加入歐盟的公投，仍然以52.2％的反對率遭到否決，使挪威成為世上第一個兩度拒絕加入歐盟的國家。相反地，鄰近的瑞典、芬蘭也各自在同年舉辦了是否加入歐盟的公投，結果瑞典的贊成人數為52.3％，芬蘭的贊成人數為56.9％，決議順利通過，兩國並於隔

年成為了歐盟的會員國。最近的一次入歐盟公投在2012年2月，克羅埃西亞國內以66％的贊成比率通過投票，並於2013年7月成為歐盟第28個會員國。當然，公投除了決定是否加入歐盟，也能決定是否脫離歐盟，由於近年歐元區連續衰退，英國首相於2013年1月提出了將在2017年決定英國是否脫離歐盟的公投。

公投還可以決定自己的國籍。自十九世紀初以來，福克蘭群島（阿根廷稱為馬爾維納斯群島）就一直是英國與阿根廷兩國爭論不休的焦點，兩國甚至在1982年為搶奪此群島爆發了戰爭。2013年，英國在福克蘭群島舉辦了公民投票，交由島上居民自行決定歸屬於阿根廷，還是英國。最後的投票率高達92％，並且有98.8％的投票者支持福克蘭群島繼續作為英國領土。儘管阿根廷方面拒絕接受投票結果，但壓倒性的票數仍為居民的政治立場做出了最大的發聲。

波多黎各在1898年美西戰爭後，就一直是美國實質上的屬地，但從未劃入美國的官方領地，雖然它有著正式的國名與憲法，但仍然無法脫離是美國「未併入領地（unincorporated territory）」的地位。1967、1993、1998年時，波多黎各都舉行過全民公投，意圖打破這種局面，但投票結果卻否決了它加入美國的構想。到了2012年，波多黎各政府再次舉辦公投，讓人民就「成為美國一州」、「擴大自治權」和「完全獨立」三個選項中作出選擇，決定波多黎各的未來。這一回，有61％的人把票投給了「成為美國一州」，33％投給「擴大自治權」，5％支持「完全獨立」。由此，波多黎各在美國的代表向國會提議立法承認波多黎各加入聯邦，若順利的話，該議案尚須經眾議

院、參議院通過，並經美國總統簽署後，波多黎各就可望成為美國的第五十一州。

在一國之內，公投可以決定政體與元首的任期——2000年，法國舉辦公民投票，題目為「是否贊成總統由普選產生任期修改為五年」，最終以73.2％的贊成比率通過，將法國總統任期由原本的七年縮短為五年。而2007年時，印度洋的島國馬爾地夫也舉行了政體公投，由全民來決定今後要實行英國式的國會民主政治，還是延續原先的總統制，最後有61％的國民選擇了後者，並且於2008年頒布了新憲法。

撇開國體、外交等重大議題，公投也可以決定民生的小事。北歐各國素有禁酒的傳統，因此北歐政府向來嚴格管制烈酒、葡萄酒與啤酒的銷售，至今北歐國家除丹麥外，仍然對酒精飲料的銷售進行嚴格管制，並由政府專賣。這項措施的實行是為了使政府能夠有效控制酒品的銷售，藉此控制因為酒醉所帶來的傷害，同時也免除私釀假酒的風險。1919年，挪威就舉辦了「禁酒公投（Prohibition Referendum）」。所謂的禁酒並不泛指所有的酒精飲料，而只包括烈酒。結果投下贊成票的占了61.6％，法案通過。但受到國際市場的壓力以及民眾的反彈，挪威政府在1926年又對同一項議題舉行了公投，這一次以反對者55.7％否決了禁酒令，但挪威政府仍然維持公家專賣制度。芬蘭也在1931年舉行了禁酒公投，同時也是芬蘭史上第一次公投，由70％的選民贊成廢除禁酒令，並且在隔年付諸實行。瑞典同樣在1922年進行「完全禁酒公投」，被以50.9％的反對票否決。

　　還有各種五花八門的公投議題。瑞典在1967年針對道路駕駛方向進行過公投；加拿大、奧地利分別在1942年和2013年就徵兵制度的存廢進行公投；巴拿馬針對巴拿馬運河的擴建與否進行公投；馬爾他曾讓公投決定離婚是否合法；紐西蘭以公投表決父母是否擁有體罰子女的權利；瑞士以公投通過禁止在國內設立清真寺尖塔的法案……。

　　除了以國家為單位的公投之外，公投也可以是地方性的，例如2013年3月，維也納舉辦全市公民投票，表決是否申請2028年的奧運主辦權，最後遭到71.9％的票數反對，諸如此類，許多國家都在一定程度上給予國內各城市、省份決定區域內政策的權利。地方性公投最重要的例子是在美國，由於美國屬於聯邦制，每一州都擁有獨立的自治權，可以自行舉辦公民投票決定州內事務，因此往往造成了醫療體系、毒品合法性、槍彈管制、刑事罪責等法規的不同。例如說，各州曾就大麻的合法性先後舉行公投，結果阿拉斯加州同意州內滿21歲之人可任意吸食、種植、交易大麻；蒙大拿州同意部分病人種植、持有、吸食大麻；奧瑞岡州也承認大麻在醫療上之使用，除此之外，大麻在美國大部分的州內仍然是非法的藥品。2012年，緬因州首度以公投通過了同性婚姻合法，成為美國的第十二個開放同性結婚的州。

　　公投並非西方先進國家專屬的遊戲，柬埔寨、菲律賓、緬甸、巴基斯坦、辛巴威、肯亞等開發中國家都曾舉辦過公投，或有簡單的公投法規。不過，在部分國家，公投的結果並不具有約束力，它的法律意義也不彰顯，因為這必須有賴於公眾

的民主素質以及強大的公權力，但無論如何，公投仍然是一種「絕對民主」的象徵。

公投在台灣

公投法的誕生

　　公民投票在台灣的演進史必須追溯到民國36年，當年爆發了二二八事件，年僅23歲的台南人邱永漢向聯合國發出一份請願書，指出「決定台灣未來地位時，應訴諸公民投票」，並透過美聯社與合眾社廣為傳播。這一事件在國際上引起了軒然大波，當時的台灣省議會議長黃朝琴還特地撰文反駁，邱被迫逃亡日本，後來成了知名的日本台籍企業家。

　　之後，台灣進入高壓的戒嚴統治時期。「民主」與「公民投票」的概念從此在國內消失了數十年，直到1986年民進黨成立後，再度高喊「公投」的主張。由於民進黨的中心黨綱之一，就是台灣的前途由台灣人民自行決定，因此在很早就提出了以公投決定台灣的國土區域與國際地位問題的構想，並不遺餘力地推動《公民投票法》的誕生。

　　民進黨員蔡同榮於1990年成立了「公民投票促進會」，希望推動台灣立法保障公民的直接民主權力，起先以進入聯合國為主要訴求。1991年3月，由林濁水起草，民進黨立委盧修一、洪奇昌、葉菊蘭等人提出國內第一個「公民投票法草案」。1993年，蔡同榮、林濁水、黃爾璇等人再度提出公投法草案，但均未獲得通過。

　　2003年，僵持多年的公投法案終於在藍綠雙方同意下開始

商議，民進黨與國民黨各自提出了不同的版本。當時雖由民進黨執政，但國民黨仍在立法院占有多數，兩黨在法條的解釋、細節上互不相讓，使得公投法遲遲無法通過，直到11月27日，結合了藍、綠兩方意見的《公民投票法》64條終於定案，並經立法院三讀通過。這部公投法的重要內容如下：

第2條：公投不可用來決定預算、租稅、投資、薪俸及人事事項。

第7條：年滿20歲的中華民國國民享有公民投票權。

第10條：公投由公民提案，提案人數應達到最近一次總統大選的選舉人總數的千分之五以上。經公投審議委員會通過後，由提案人向中央選舉委員會領取連署人名冊格式。

第11條：正式連署前，提案人可以撤回提案，但三年內不得再重新提案。

第12條：連署人數需在6個月達到門檻，也就是最近一次總統大選的選舉人總數的百分之五以上。若未達到，則三年內不得再重新提案。

第30條：公投的投票人數需達全國、直轄市、縣（市）投票權人總數的二分之一以上，且有效投票數中超過二分之一同意者，才可通過。投票人數不足或有效投票數中的同意人數未達二分之一，均為否決。

第33條：公投案經通過或否決後，三年內不得重新提出同一事項。若是有關公共設施之重大政策複決案經否決者，自公投結束起至該設施完工啟用後八年內，不得重新提出。

第35條：公投審議委員會，包含委員二十一人，任期三

年，由各政黨依立法院各黨團席次比例推薦，送交主管機關提請總統任命之。

這一部《公民投票法》使台灣成為了東亞地區第一個議案可採行公民投票的國家，並且在之後的十年間陸續舉辦了五次規模不一的公民投票。乍看之下，民主制度在台灣得到了發揚光大，但事實上，台灣的公投法設計卻存在著極大的漏洞。

不可能通過的公投

我們可以拿瑞士在165年前創立的公投法來比較台灣的公投法。嚴格來看，它們有著三大相異之處：

一、連署門檻：

就連署門檻來說，瑞士的公投法，只要有5萬人連署，或是由八個邦共同提議，即可成案；遇到修憲等重大事項，則門檻提高至10萬人。在連署或提議送到聯邦秘書處之後，不必經過任何審查，就可在數月之內直接展開公民投票。而台灣的《公投法》第12條規定提案人數門檻為「上回總統選舉人數的千分之五」，提案通過後又需要連署人數門檻為「上回總統選舉人數的百分之五」。 以2012年總統大選的選舉人數1,800萬人為例，代表必須要有90萬人連署才能成案。目前瑞士的總人口約為800萬，是台灣的三分之一，但台灣的連署門檻人數卻是瑞士的18倍，因此在比例上相當的不合理，如此龐大的連署人數，除非以政黨的名義發起，否則一般民眾或是民間團體根本不可能順利成案。而發起一次公投連署的經費動輒一、兩千萬，也非政黨之外的團體所能負擔。於是，本意是為了讓人民表達訴

世紀大公投

求的公投，又回到了主要政黨之間的角力上。

二、審議委員會：

　　台灣的《公投法》規定，在連署人數達到要求的門檻之後，議案還必須送交「公民投票審議委員會」審核，待審核通過之後，才會正式進入公投的籌備程序。按照公投法35條規定，審議委員會的組成依照各政黨在立法院的席次比例推薦。這樣的規定可說是相當奇怪，為什麼？如果公投的目的是為了彌補國會未能替民眾發聲的缺憾，或是民間希望藉公投否決國會錯誤的決定時，這個按照國會比例組成的審議委員會，出於自身利益的考量，可能會將公投的提案封殺。

　　瑞士則沒有所謂的「審議委員會」，公投一經連署通過，便直接進入籌備階段。事實上，全世界實行公投的國家，設有負責「審核」公投提案的審議委員會，只有台灣一個，這樣的委員會不僅無法為人民的權利作把關，還可能淪為政府或國會的獨裁工具，有權決定何種議題可以公投，何種議題不能公投，無論連署人數再高亦然。

　　最明顯的例子是在2008年，執政的國民黨欲推動ECFA的簽署，當時綠營為了杯葛這項政府，提出了90萬人以上的連署公投議案，卻在藍營占多數的審議委員會遭到否決。也因此，當年7月的大法官第645號釋憲中，聲稱公投法第35條剝奪了行政院的人事任命權，牴觸權力分立原則，因此宣告違憲。這一法條在隔年6月作出修正，改為「具有同一黨籍之委員，不得超過委員總額的二分之一，且單一性別不得少於三分之一。主任委員由委員互選之。」

三、票數門檻：

　　瑞士在165年前創立的公投法，就採取「簡單多數」，並未設「須多少公民參與公投的投票門檻」，意即只要參加投票者有效票過半數贊成就算通過；除非遇到涉及修改聯邦憲法的重大公投議案，才改採「雙重多數制」——交由全國各邦人民分別投票，當一個邦內的有效票過半時，代表這個邦贊成該案，當有超過一半以上的邦贊成時，公投才算通過。這種「簡單多數」的制度也是受歐美大部分國家採用的遊戲規則，反觀台灣的公投法第30條：「公投的投票人數需達全國、直轄市、縣（市）投票權人總數的二分之一以上，且有效投票數中超過二分之一同意者，才可通過。」代表必須要有900萬的人參與投票，並且票數中的50％都贊成，法案才算通過；反之，如果投票人數不足900萬人，則即使贊成票數是100％，法案亦算失敗。這樣「雙二分之一」的投票數下限，與連署人數的下限形成了兩道門檻，它的高度更是舉世罕見，這使得一次公投從成案到通過每一步都困難重重，大大降低了民主的美意。

　　有鑑於此，這部公投法一直被戲稱為「鳥籠公投法」，民進黨與民間人士多次主張修改門檻限制，仿效歐美國家的公投法設計。2013年3月，民進黨立委柯建銘在質詢時呼籲行政院長江宜樺將公投法修改為簡單多數制，當場遭到否定。江的理由為：若修成簡單多數，哪怕只有10個人投票，6比4就可決定國家政策，「完全沒有門檻的簡單多數是我無法接受的」。

　　柯又提議將公投成立的有效票數門檻降為40％，再次被江反對，並聲稱韓國、義大利、丹麥與瑞典的公投法都規定了

世
紀
大
公
投

「雙二分之一」的門檻，尤其是當表決重大政策例如法律複決及憲法修正等，公投案採取低門檻是相當危險的。

事實上，這番論點並不完全正確。在此我們綜觀一下世界各國的公投制度，在提案人數的規定上，有的國家以公民人數之一定比例為門檻，有的則規定固定人數為門檻。例如美國各州大都規定連署人須達前一次州長選舉人總數的百分之一到二；奧地利則規定須有1萬人簽署提案；德國巴伐利亞邦則規定須有2.5萬人簽署。這些數字都與台灣的規則均相差甚多。

在連署人數的規定上，瑞士人口約800萬，規定需達到5萬公民或八個邦；義大利人口約6,000萬，連署門檻為5萬人；西班牙人口4,700萬，規定連署人數為50萬人；美國各州連署門檻不一致，從北達科他州的2％，到懷俄明州的15％均有，遇到有關憲法創制的提案則須達到8％之人數。

在投票率門檻上，更非江宜樺聲稱的「許多國家都有雙二分之一門檻」。義大利與台灣一樣規定50％的門檻，但義大利國內政治參與度高，一般選舉的投票率都能超過八成，因此過門檻的難度遠低於台灣；韓國的公投規定的投票率下限為三分之一；丹麥的投票率不設門檻，只要贊成票大於反對票就算通過，除非反對票大於贊成票，且超過選舉人數的30％，法案才會被否決，等於說不僅沒有「投票率門檻」，反而設了一道有助於法案通過的「否決門檻」；瑞典規定公投與一般大選同時舉行，公投的投票率門檻為大選票數的50％，而非總選舉人數的50％（例如說，有700萬人具有投票權，但只有500萬人投了選舉票，只要這500萬人之中的一半都投了公投票，那麼公投就

算成立)。

至於其他的國家,公投大國瑞士與民主起源的英國,無論大小議題,一概不設投票率門檻;歐盟實行公投的二十餘國中,設有門檻的不到十國,大部分是較保守的東歐國家,西歐只有義大利與葡萄牙設立了50%門檻,荷蘭為30%;日本對於地方自治事項(包括核電廠公投),40萬人以下的地區要求達到三分之一的公民數,40萬人以上的地區要求為六分之一;紐西蘭、澳洲對一般公投不設門檻,而美國有二十幾州會針對某些財稅專案特別設下投票率門檻之規定。

五成門檻的迷思

也就是說,考量法規、國情等因素,台灣的「雙二分之一」的確是最難跨越,也是舉世最高的門檻。

五成門檻有多高?舉同具有五成門檻的義大利為例,它在2011年舉辦過重啟核能的公投,選前的民調顯示有高達八成三的民眾反對核能。當投票結果出爐時,發現投票率只有五成六,勉強超過門檻,而反核票占了九成五,法案宣告通過。這個現象顯示了出來投票的反核民眾只有大約六成五。在熱衷政治的義大利國內姑且如此,若按照這樣的比例推估,目前媒體民調顯示台灣有將近六成的民眾反對核四續建,要是以現在狀況舉辦公投,是絕對不可能跨過門檻的。若是半數以上的民意反對都無法改變現狀,這是否有違民主的精神?

從執政黨的角度來說,有限度的抑制公投,除了因為舉辦公投需耗費巨大的社會成本與經費(在台灣舉行一次公投需花

費1.5億），而且公投能決定的事項極廣，除了能左右政策、修改憲法，甚至還可決定統獨立場，若是稍有不慎，不僅可能弱化議會體制之運作，對政治穩定度還會造成負面的影響，就如同江宜樺說的：「若不設門檻，哪怕只有10個人投票，6比4就可決定國家政策。」不過這一點在國外早就有跡可循，許多公投國家對於修憲或是決定主權的公投都採取「另設高標」的方式。瑞士的公投若涉及修憲，則須有10萬公民連署；義大利須50萬公民連署；投票率方面，丹麥規定贊成人數需超過公民人數的四成，羅馬尼亞規定五成，立陶宛更高，需達七成五；瑞士與澳洲對於憲法修正公投都採取跟台灣一樣的「雙二一」門檻；瑞典又更特別，它特別規定憲法修正一律須交付公投，並同時舉行一般選舉，若反對票過半且超過一般選舉投票數之一半，憲法修正案就會被否決。

　　設立門檻之舉有著一個極大的盲點，那就是「不投票的人代表哪一方？」根據公投法規，一旦投票率未過門檻，則提案就遭到否決！這代表我們無形中已將這些不投票的人解讀為「反對提案」的一方，這是極為奇怪的反動觀點。不投票的原因可能有許多種，例如想將決定權交給對議題更為專業、更為切身相關的選民，或是本身對政治不熱衷，甚至只是單純對正反兩方都沒有意見；公投的本意是為了改變現狀，卻又設下了阻礙改變的限制，不能不說是一種矛盾的心態。總之，二分之一的公投門檻能有效的避免民主精神的濫用，輕率地更改國家重大事務；但對於一般的民生議題公投來說，這個門檻實在太高。有學者指出，台灣可參考歐洲國家，改採雙軌制，針對主

權議題的公投保留五成門檻，至於一般議題與地方性公投，則降低過關的投票率下限，甚至可以不設下限。

台灣的歷次公投

台灣一共舉辦過兩次全國性公投，三次地方性公投。第一次的全國性公投是在2004年3月20日，與第十一屆總統副總統選舉共同舉行，這次的公投包含了兩項議案，由當時的總統陳水扁根據《公投法》的「防禦性公投」條款提出。第一案為「強化國防」，命題為：

台灣人民堅持台海問題應該和平解決。如果中共不撤除瞄準台灣的飛彈、不放棄對台灣使用武力，您是否贊成政府增加購置反飛彈裝備，以強化台灣自我防衛能力？

第二案為「對等談判」，命題為：

您是否同意政府與中共展開協商，推動建立兩岸和平穩定的互動架構，以謀求兩岸的共識與人民的福祉？

最後，「強化國防」案得到的投票率為45.17％，贊成票91.8％，反對票8.2％；「對等談判」案的投票率為45.12％，贊成票92.05％，反對票7.95％。兩案皆未達五成的標準，遭到否決。

到了2008年的總統大選時，民進黨再次提出兩項公投議

案。第一案簡稱「討黨產」，命題為：

　　你是否同意依下列原則制定《政黨不當取得財產處理條例》將中國國民黨黨產還給全民：中國國民黨及其附隨組織的財產，除黨費、政治獻金及競選補助金外，均推定為不當取得的財產，應還給人民。已處分者，應償還價額。

　　另一案簡稱「台灣入聯合國」，或「入聯公投」，命題為：

　　1971年中華人民共和國進入聯合國，取代中華民國，台灣成為國際孤兒。為強烈表達台灣人民的意志，提升台灣的國際地位及參與，您是否同意政府以「台灣」名義加入聯合國？

　　另一頭，為了與民進黨較勁，藍軍也提出了兩項命題類似的公投。第一案為「反貪腐」，用以諷刺當時貪污醜聞纏身的執政黨人士。命題為：

　　您是否同意制定法律追究國家領導人及其部屬，因故意或重大過失之措施，造成國家嚴重損害之責任，並由立法院設立調查委員會調查，政府各部門應全力配合，不得抗拒，以維全民利益，並懲處違法失職人員，追償不當所得？

　　第二案為「務實返聯公投」，以「返聯」的名義與民進黨

的「入聯」作區別，命題為：

您是否同意我國申請重返聯合國及加入其他組織，名稱採務實、有彈性的策略，亦即贊成以中華民國名義、或以台灣名義、或以其他有助於成功並兼顧尊嚴的名稱，申請重返聯合國及加入其他國際組織？

很顯然，這一次的公民投票淪為了藍綠政爭的手段，藍軍以「反貪腐」對抗綠軍的「討黨產」案，以「返聯」駁斥「入聯」之說，政治色彩太過濃厚；同時，「加入聯合國」的議題也不存在任何法律效力，即使法案通過，短時間內亦無法改變台灣的國際現況，因此造成了這一次投票一開始就失去了意義。果然，儘管四案的贊成票數都大幅超過反對票，但投票率卻很低，「討黨產」案的投票率26.34％，「反貪腐」案為26.08％，「入聯」案為35.82％，「返聯」案為35.74％，皆遠低於第一次公投的投票率。

回顧六次公投，六次皆因為投票人數低於50％未通過門檻而遭到否決，而且遠低於同時舉行的大選投票率（2004年總統大選的投票率為80.28％，2008年為76.33％），反映出參與大選投票的選民中有相當大的比例對這類公投採取排斥態度。不過，儘管六案皆未通過門檻，但政府仍在施政上以一定的程度持續推動公投內容。例如「強化國防」案雖未過關，政府仍持續進行軍購；而「對等談判」也未過關，台灣仍與中國大陸展開協商；至於「入聯」、「返聯」雖皆未過關，政府也還不遺

餘力地在外交上尋求突破。因此，公投是否通過，在民眾眼裡又更加無關緊要，同時被認為是耗費龐大社會資源的把戲。

第一次的地方性公投則是在2008年11月15日，由高雄市教師會發起，主要訴求為降低國中小班級人數，詳細命題如下：

學生班級人數適當的減少，可以增進學生的學習效果。本市公立國民小學一、三、五年級以及國民中學新生的編班，自96學年度起，每班不得超過31人，以後每學年減少2人，至99學年度起，每班不得超過25人。

依照高雄選舉委員會的公告，此次公投的投票權人共116萬名，因此投票數的門檻為58萬人。但由於宣傳不足，加上議題冷門，當天的投票人一共只有6萬1,807人，投票率僅5.35％，法案未通過。

2009年9月26日，第二次地方性公投在澎湖上演。當年1月立法院通過了《離島建設條例》修正案，明定離島地區可以依公投的結果，開放博弈事業。不久之後，便由澎湖縣副議長藍俊逸發起提案、連署，並於8月宣布該公投成案。命題為：

澎湖要不要設置國際觀光度假區附設觀光賭場。

由於原有的投票率五成門檻幾乎不可能跨越，立法院刻意在《離島建設條例》第10-2條中排除了投票率50％以上的規定，意即不論投票率多少，只要同意票在有效票的選票中占了

50％以上即可成案，贏一票也算贏。這成為《公民投票法》立法以來首次排除投票率多寡因素的公民投票。然而，公投博弈議題涉及道德與宗教問題，飽受爭議，發起以來屢受民間團體反對。最終以投票率42.16％、同意票43.56％、反對票56.44％遭到否決。

到了2012年，同樣的議題被搬到馬祖。由於馬祖位處遠方，島上較缺乏公共設施與社會資源，加上南竿、北竿機場的班機班次有限，且常因天候不佳停飛，居民對於更便利的交通建設的需求極為迫切，因此博弈公投通過的可能性較大。這一次的命題與前一次相同，全文為：

馬祖是否要設置國際觀光度假區附設觀光賭場。

公投於2012年7月7日進行，最終投票率為40.76％，同意比例為57.23％，高於反對的42.76％；由於之前的《離島建設條例》已取消了五成的投票率門檻，因此此案宣告通過，這也是台灣創立公投法以來首次通過的公投法案。

核四公投

命題成為最大關鍵

2012年的總統大選投票率高達75％，但仍然有25％是「沒意見」的人，當舉行公投時這25％沒意見的人將自動被歸類到反對票，換句話來說，公投在技術上，對不贊成方是有利的。因為支持公投案的人不但必須去投贊成票，還得在投票總人數

超過二分之一的前提下，他的意志才能成立；但不贊成的人，無論是投反對、廢票，甚至是不投票，他的民意都能夠充分被表達。

這個原理讓台灣的公投法產生另一種矛盾之處。簡單來說，一旦公投通過的可能性是零，那麼，參加公投的人投下的每一票，都會得到與他的意志完全相反的結果。

舉例來說，假如命題為「你是否贊成停建核四」，民調顯示有六成的民眾贊成，四成的民眾反對；但假設六成的支持民眾實際上只有七成出來投票，而反對者卻一個也沒出來投票，最後投票率為40％；雖然這40％全部都是贊成票，卻因為沒有超過五成的門檻，因此議案遭到否決。在這個情境中，贊成的民眾占多數，而且也踴躍投票，但卻得到了失敗的下場。反觀反對此議案的民眾，雖然沒有任何人出來投票，但卻以逸待勞，達到了反對的目的；諷刺的是，假如這些反對者也踴躍出來投票，最後卻會因為投票率超過五成，而贊成票又大於反對票，反而讓這項公投案通過——這是多麼怪異的現象！

可以說，台灣的公民投票逐漸轉變為世界罕見的一種惡質遊戲，也就是贊成議案的人數多寡並不重要，只要掌握了公投的命題，就能得到最後的勝利；公投不再是多數決的遊戲，而退化為單純的政治操弄。這回的核四公投也是如此，國民黨計畫提出的命題為「你是否同意核四廠停止興建不得運轉」，而民進黨提出的是「你是否贊成繼續興建核四並商轉」。在公投票數不太可能達到門檻的情形下，最後無論是以哪一方的命題進行表決，結果都必然與命題意思相反。即國民黨提出的「停

建核四」會因未達門檻被否決,最後反而按照「續建核四」的方向進行,反之亦然。因此,可想而知,兩黨都一定會拚了命的爭取對自己有利的命題。

諷刺的是,國民黨的立場是傾向於「續建核四」的,但它主張的命題卻是「停建核四」;而民進黨的立場主張「停建核四」,卻反而以「續建核四」為命題。兩黨訂出的題目都恰好與該黨的主張相反,而且還必然會鼓勵自己的支持者投下否決自己命題的票,或甚至直接鼓勵己方的支持者根本不要去投票就好了!公投體制在台灣是怎樣的誤入歧途,由此可見。

不過,由於「核四公投」本身屬於複決事項,依據公投法的立法精神,命題必須要採取「負面陳述」。也就是說,核四的興建已經是一個「既定的事實」,是已經在進行中的,甚至已經快要進行完成了的政策;因此,要發起公投,命題必須是要「改變」這個現狀的陳述才行。在這個原則下,顯然是國民黨主張的「停建核四」命題最為符合此精神,而民進黨提出的「續建核四」則似乎並不合乎公投法精神。

也許有人會想:既然這樣,能不能比照2008年的公民投票,同時設立「加入聯合國」與「返回聯合國」兩種意義相同但不同立場的命題呢?答案是不可能的,因為雖然「入聯」與「返聯」也屬複決事項,但兩者都是與現狀相反,因此可以並存,這種情形是由於台灣的國際定位模糊而產生的,算是十分特異的案例。至於在核四問題上,現狀卻只有一個——也就是核四正在興建中,所以,負面陳述只會有「停建核四」一種。按照這個邏輯,加上執政黨為國民黨,「停建核四」必將成為

世紀大公投

最終的公投命題。

是全國人的事？還是北部人的事？

有鑑於此，反核人士試圖在其他法律層面尋求突破。2013年5月14日，前副總統呂秀蓮召開記者會，公布命題：「你是否同意新北市台電公司核能四廠進行裝填核燃料棒試運轉？」並提出將核四的議題限制在核四廠所在的新北市內，由新北市民自行決定核四的命運。根據呂的論點，核一、二、四廠都位於新北市，因此市民對於核四廠的興建，理所當然具有「第一逃命圈的正當防衛權」，因此，核四公投應該歸類在「地方性公民投票事項」。不過，此一提案卻立刻在當月16日被行政院公投審議委員會否決，理由是「核四涉及國家整體電力供應，是國家重要政策，不屬於地方公投事項」，故宣告駁回。

我們無法否認公投審議會的決定可能帶有少許政治色彩。顯然，若是將「核四是否停建」這樣的問題交由「全國」公民進行表決，可以設想，北部地區的贊成比例一定較高，南部居民則可能因事不關己而漠然看待。若是將公投縮小到「北部地區」舉行，則新北、台北市的居民支持程度可能高過桃、竹、苗。若再進一步縮小至「大台北地區」，甚至可能有突破五成的門檻；最後若縮小到「貢寮」一地，由貢寮人公投決定核四存廢，不用說，核四就非停工不可了。就像這樣，愈是距離核四廠較近的人，愈會因為切身相關而重視、同意此議題；而愈是遠離核四廠的人，則很可能因為「反正不是蓋在我家後院」的冷漠心態，在公投中投下反對票，或是不投。

　　事實上，早在1994年4月，貢寮就曾針對是否興建核四舉辦過公投。當時的貢寮人以投票率58.3％、反對核四的比率高達96％表明了自己的立場，當年年底，在台北縣內也舉辦了核四公投，1996年台北市、1998年宜蘭縣都相繼針對核四問題舉辦投票，結果皆是反對者占多數，但當時的政府並未採納民意。

　　追根究柢，核四的存廢究竟是「全國事項」，還是「地方事項」？這個問題恐怕沒有標準答案。以地方居民的角度來說，一旦核四廠爆炸，首當其衝的自然是位處周邊的他們，因此，他們的確最有資格決定核四廠的命運；但若以國家的立場來說，無論電廠蓋在哪一個縣市，為了供應全國用電，它都是非蓋不可的，政府所能做的就是選擇最適宜的位址建廠，並盡可能安全謹慎的維持運轉。誠然，沒有人願意讓電廠蓋在自家後院，但家家戶戶都需要用電，卻也是不爭的事實。

　　撇開自私之類的問題不談，一般民眾對於「核能」或「核四」的了解不足也是這場公投是否公正的一大隱憂（這也正是本書試圖改變的事實）。由於不理解，投票人很有可能被民粹主義牽著鼻子走，或單純跟著支持的政黨起舞，或是最消極的索性隔岸觀火；而無論是哪一種心態，對於左右台灣未來能源政策的這一場公投來說，都是相當不妙的。

只是停不停建這麼簡單嗎？

　　還有一點，由於「核能」不等於「核四」，因此，對於「核能」的理解也就不能與對「核四」的理解畫上等號。針對「核能」的安全性與效率，本書已詳細介紹，且世界各國對於

核能的看法也未有定論，有人排斥，也有人支持；或許讀者在看到這裡的時候，心裡也已有了一套自己的見解。但對於「核四」，卻不能單純以「核能好不好」來評斷它的必要性，也不能一味信任特定政黨或媒體的聳動言論。核四不只是政治問題，更是牽涉了安全、能源、經濟等重大考量的複雜議題，在對它做出正確的了解之前，難保不作出有所偏差的抉擇。

也許有不少人能斬釘截鐵的歷數核四的缺陷，並提出核四運轉可能會帶來的危害與風險；然而，能夠正視廢止核四後帶來的弊病的人卻寥寥可數，即使我們對這些問題視而不見，它依舊如影隨形的跟在核四議題之側。

舉一個最簡單的例子，如果台灣舉辦一次公投，命題為：

你是否同意在未來的日子裡，政府永遠不再向人民收取任何稅金？

如果命題是這樣，想必有很多人二話不說就會投下贊成票。但若是命題原意不變，只是增加一行補註：

你是否同意在未來的日子裡，政府永遠不再向人民收取任何稅金，但政府將不再提供人民教育、交通、醫療等社會福利，且隨時有破產之虞？

若命題改成這樣，大家的答案或許就不會那麼肯定了，還會開始深思熟慮一番。為什麼？因為「不繳稅」的好處是明擺

著的，幾乎沒有人會反對；但要是將「不繳稅」跟「政府破產」兩者放在天平兩端秤量，孰輕孰重就成了一個令人躊躇的問題。不過，「不繳稅」將不可避免造成「政府破產」，這是顯而易見的道理，因此在面對這個問題的時候，絕不能只考慮「繳不繳稅」，而無視「政府破不破產」。

同樣的，面對核四議題，也不能端看事情的單一面。要是命題為：

你是否同意核四廠停止興建不得運轉？

也許很多人的腦中一瞬間會浮現出原子彈爆炸、車諾比核災、福島核災、核廢料等可怕駭人的畫面，並由此心安理得地投下同意票；由於人類往往是安於現狀、惰於改變的，因此這時候或許還會心想：核四興建之前，我們也一直過得好好的不是嗎？就算它停建了也沒什麼關係吧！

但是事實真是這樣嗎？如果我們按照剛才的方式，將命題多加一句：

你是否同意核四廠停止興建不得運轉，並將全國電價調漲五成，且增加夏季尖峰用電時段之限電次數？

在這種命題方式下，或許猶豫的人就會大增了。畢竟，很少有人能接受電價調漲五成。這個時候，人們想到的除了核爆的可怕場面之外，或許還會多了電價上漲帶來的荷包緊縮。殘

酷的是，「核四停建」必然會造成「電價調漲」的後果，若是不選擇「核四續建」，就必須接受「電價調漲」的事實，總之，不管你選擇哪一個選項，或是你不想作選擇，你的生活都一定會改變，沒有以上皆非的選項。

這種時候，又孰輕孰重？也許有的人仍然會想起核電廠的風險和核廢料的隱患，也許有的人會想到電價上漲五成，想到自己對核四其實一知半解、對核四的拼裝建造、設廠地址、廢料封存……眾多的疑慮其實都只是來自他人轉述的結果——在這樣的情況下，承擔五成的電價漲幅是否明智呢？「核四」真的有糟糕到我們為了廢止它，不惜承受昂貴的電價嗎？

如今，不論是擁核派或是反核派，雙方都存在這樣的疑慮，認為即使舉行公投，也未必會得到最正確的結果。除了因為公投體制的矛盾之外，民眾對於核四廠的不了解，也會讓一部分的人選擇跟著媒體與政黨走，或是漠視這個議題，而他們卻不明白這個投票其實與自己息息相關。2013年3月，國民黨籍的台北市長郝龍斌在接受媒體訪問時，就語出驚人的說道「只從我手邊的資料和數據來看，如果明天公投的話，我會支持核四停建。」郝的意思十分簡單：在國人對於核四的安全性沒有足夠認識的情形下，即使舉辦公投（甚至即使廢除五成的門檻），得到的結果也都是不公正、不理性的。

對此，行政院長江宜樺則回應說，目前國人對於核四安全有疑慮，未來台電、原能會及經濟部將會對整座核電廠進行總體檢，並將資訊透明化，給予公眾一個更為健全的判斷基礎。到了那時再來進行公投，結果想必會有所不同。新北市長朱立

倫也建議，若大眾對於台電、原能會的信心不足，應一併邀請具有公信力的國內、外核安專家，以最嚴格的標準審視核四廠安全。他認為，「核四公投只是過程」，無論公不公投，核安問題都是存在的、也必須去正視的，為了讓全民都了解這項問題，政府有責任將事實的真相完全公布，並作出專業的評估，在安全、沒有顧慮的前提下，才能交由人民做最後的判斷。

核四問題是否應訴諸公投？

我們可以再看看其他位於核四「逃命圈」範圍內的縣市首長的立場：基隆市長張通榮主張逐步廢核，而核四續建與否則交由民眾公投決定。桃園縣長吳志揚表示，他不對核四停建與否表態，但他支持公投決定，也尊重民眾的意願。新竹市長許明財認為在核安無虞的前提下，他以台灣多數民眾的立場為依歸。新竹縣長邱鏡淳則不預設個人立場，一切尊重民意與議會決定。台灣北部唯一民進黨籍的宜蘭縣長林聰賢一貫主張廢核，並希望由北北基宜區舉辦區域性公投決定核四存廢。

所有地方首長無分藍綠，一律支持將核四議題交付公投（儘管交付地方公投或全國公投的立場不一致），而郝龍斌在接受訪問時又說道：「如果所有的民調都指向停建核四，或是議會也都支持停建核四，那麼我認為，核四是否需要公投還可以商榷。」從他的說法，我們又可以牽涉到另一個觀點，那就是，停建或續建核四，到底該不該由人民公投決定？

核反應的原理、核能的發電效率，這是物理學、量子學、熱力學家的專業範疇；核廢料的污染性、發電廢熱對生態的影

響程度，這是毒物學、環境學、農業學、生態學等學術的專業領域；而一座核電廠的安全性、對於天災人禍的抵抗強度，則涉及了材料學、土木學、工程學、地質學、氣象學的複雜計算。這些精密而細節性的東西，是一般大眾所無法理解的，即使是單一學術領域的權威人士，亦無法一窺全局。

對於「核能」本身的安全性姑且眾說紛紜了，而一座發電廠又是由如此深奧、繁複的技術所組成，民眾也就不可能對它擁有全面而正確的了解，因此「讓民眾了解後再公投」這樣的前提也就說不通了，那些在媒體前聲色俱厲的說客、政客與名嘴們其實不見得懂核四，所以沒有理由決定「續建核四」是否正確。各位讀者對核四真正理解多少、有多少依據支持核四應該停建或續建呢？

於是，這個問題就吊詭了，既然大部分的人並不懂核四，也就很少有人有「資格」對核四的命運作出裁決，那麼核四公投的結果又代表什麼呢？代表著政黨支持者的比例嗎？代表哪幾家電台的名嘴影響力最大嗎？還是代表環保人士的比例呢？或是代表有多少人愛台灣呢？

萬一公投結果決定核四續建，有朝一日核四發生事故，那是誰的錯？該由誰來負責呢？萬一公投決定停建核四，台灣陷入財政、產業衰退，又是誰的錯？該由誰來負責呢？

最好的辦法就是核四議題不交付公投，不由對核四一無所知居多的民眾來作決定，而完全信任最專業、最懂核四且不預設立場的學者專家來評估。由物理學家來檢查發電系統的設立機制是否完善；由生態學家來觀測我們居住的環境有無污染之

虞；由工程學家來把關核四的施工品質是否合乎安全標準；再由經濟學家來估計核四的存廢對於全國電力、財政的影響幅度……綜合各種專業知識提出一份報告，再經由這份報告作出決定——而這也才會最為公正、對國家未來最有利的決定。總而言之，在資訊完全透明化，且提出報告的學者具有足夠公信力的前提下，這樣的做法才是最理想的。

不過，按照政府目前的意向，以及民意的潮流引導下，核四議題似乎已不可避免地將照著公投的道路走。因此，政府的當務之急是讓大部分民眾對於核四有個概括的認識，開誠布公讓人民作出正確的選擇。

而對人民來說，核四議題牽動著台灣的未來，更與每一位國民息息相關；正如同上文所述，無論你投還是不投，無論你投贊成或是反對，它最終都必將朝著「停建」或「續建」的其中一個方向進行，既沒有以上皆非的選項，也沒有兩全其美的選項，而你的生活也必然會因此而改變。你有義務明白它，更有義務作出選擇。那麼，你還在等什麼呢？大家加油！

Part 4

核四大辯論

「不在屋裏，不知漏雨。」難到唯有碰上了才知真假好壞？魔鬼藏在細節裡，但真理總是愈辯愈明，核能發電究竟是福還是禍？本篇以台灣為主體，讓你抓緊辯論脈絡、見微知著，不陷入口水戰，通盤了解核四續建與商轉的利弊。

Truth *does not fear contention;*
the more *the truth is*
debated, ***the clearer*** *it becomes.*

你是否同意核四廠停止興建不得運轉？

正方▶王擎天、洪于勝、林哲安
反方▶王寶玲、林柏光、傅志邦

正方一辯：核能安全

　　本次辯論的辯題是「你是否同意核四廠停止興建不得運轉？」首先，我要確認兩個觀念，所謂「停建核四」其義所指並不得（可）以其他因素作為交換條件，如不因此而使核一、二、三廠延役。第二，所謂停止興建不得運轉是指不以核能發電為目標的方式來運轉，不包含改建為其他發電方式的發電廠運轉及改為其他用途場館使用。我方之所以贊同核四廠停止興建不得運轉，是基於以下三個主要的論點來進行論證：

　　首先，在任何公共建設議題上，應該沒有人會反對，安全的重要性應凌駕於任何其他考量因素之上。眾所皆知，核電廠不安全，尤其是台灣的核電廠因為先天的地理環境因素，更是危險中的危險。美國《華爾街日報》所載全世界最危險的十四座核電廠中，台灣四座全部榜上有名，正在興建的核四廠就是其中一座。這四座核電廠被認定全部興建在斷層帶上，一旦強震發生後果不堪設想，甚至極有可能受到海嘯威脅。我們知道台灣本島位於環太平洋地震帶上，是造山運動過後自海平面底

下上升的島嶼，因此地質環境十分不穩定。台電向國人所保證的核電安全，卻是建立在三十多年前美國學者波尼拉（Manuel G. Bonilla）所繪製的「台灣斷層分布圖」上，這項資料早已被近年許多研究更新，不再是台電所言的「核四廠周遭毫無任何斷層帶」。反之，距離核四廠不到兩公里處，有一條「枋腳斷層」；五公里內更有蚊子坑、雙溪、屈尺、貢寮及里社五條斷層。一旦這些斷層位移發生地震，後果無法設想。因此位於貢寮的核四廠現址根本不適合用來興建核電廠，政府無視於這個事實，強硬興建核電廠並強行運轉等於是拿台灣百姓的身家性命當賭注。

其次，在上述客觀狀況之下，若非得要建核電廠，防護措施便顯得異常重要。台電在這方面的作為卻讓人對核四廠的安全絲毫無法放心。發生地震的日本福島核電廠耐震強度高達0.6G，仍然不敵天災的摧殘，造成難以挽回的災難；反觀核四廠的耐震係數僅有0.4G，明顯過低。甚至與台灣同樣地處環太平洋板塊多地震帶的美國加州核電廠如聖翁費瑞核電廠（San Onofre）以及迪亞勃羅核電廠（Diablo）都各有0.66G和0.75G的防護。透過這樣的比較，能夠非常清晰的看到，按照台電的規劃，即使不出任何紕漏，核四廠的安全狀態已無法使人信服。屋漏偏逢連夜雨，身為核電廠的最後一層保險的圍阻體牆，卻又被發現施工狀況百出，甚至有裝尿的寶特瓶嵌入牆內，更不用說建商與台電官員之間的貪污舞弊層出不窮，整座核四宛如豆腐渣建築一般。因此，我方認為這種施工品質的核電廠一旦插入燃料棒實質商轉，則人民的性命將隨時處於嚴重的核安威

脅之下。

　　最後，自然的客觀環境下，台灣本來就因地狹人稠，先天上已經不適合興建核電廠；再結合核四廠的錯誤選址之因素，政府做出興建核四廠的決策，更是令人無法苟同。核四廠位於新北市貢寮區，緊鄰貢寮市區僅約五百公尺，距離首都台北市最精華區的台北車站僅三十餘公里。以人口密集度來看，新北市擁有核一、核二、核四共三座核電廠，而這三座方圓三十公里內的居民總數超過六百萬人，核電廠的密集度勇奪全球之冠。台灣大學大氣科學系的實驗顯示核電廠飄出的輻射塵在約三個小時內就會籠罩大台北地區，一旦發生核安事故，必需全數撤離，現下的政府並無能力保證這些基本的防災應變流程能夠做到，且對居民的生活品質與產業發展造成莫大的影響。更不用說一旦發生核事故，外銷導向的台灣經濟，會因外國抵制輻射污染商品的輸出而崩潰。綜上所述，我方一致認為立即停建核四是刻不容緩的。

反方一辯：核能安全

　　許多人對於核能的安全性存有疑慮，這主要是來自於原子彈爆炸、或是車諾比核災之類的聳動報導與圖片，安全性也是反核人士最常用來攻擊核能的依據，誠然，核災若是發生，它的影響力是大面積，而且是持久的。

　　要分析核能的安全性，就必須提一下人類史上知名的三次核災──1979年的三哩島、1986年的車諾比、與2011年的福島。首先是三哩島事件，它在核事件分級的七個等級中歸類為

第五級（最嚴重是七級），是由於機組故障加上人為疏失造成的爐心熔毀，不過由於圍阻體有效發揮了隔絕輻射的功能，因此並沒有發生任何人命損失，周圍的土地與植物也沒有測出污染，唯一的損失只在於電廠本身損壞造成的經濟損失。

再來是車諾比事件，它是核事件分級中的第7級事故，也是人類史上最嚴重的核災。分析事故發生的原因，車諾比核電廠屬於第一代核電廠（目前全球大部分為第二代，少數已邁入第三代，而核四廠正是最安全的第三代設計），甚至沒有設置圍阻體，也就是說，一旦發生什麼事，輻射塵與放射線會直接逸散到大氣中，沒有任何阻礙。這是當時全世界最落後的核電廠設計，即使是20年前的美國，隨便一個核電廠也都比它安全。同時，事故發生的當下，並沒有得到蘇聯政府的重視，直到48小時後才正式強制撤離，這時候車諾比一帶的輻射量早已超出致命量的幾百倍。這也就是它造成這麼大傷亡的原因——機組設計不良、當局處理不當。當然，在三十年後的今天，核電安全性早已今非昔比，絕不會再發生這麼嚴重的事件。

福島核災也是第七級核事故，它的最直接原因就是地震與海嘯，而且必須明白的是：不是因為電廠本身被地震震垮——而是因為海嘯造成了「斷電」，因為斷電，幫浦無法使用，無法及時將冷卻水注入爐心，以至於引發高溫氣爆，炸開圍阻體。這是電廠設計的問題，全球各國在福島核災後都已針對系統進行改良，即使是我國最老舊的核一、核二廠也經過了補強，能完全預防福島核電廠遭遇的狀況。不過，追根究底，無論是哪一種發電廠、哪一種安全設計，都無法百分之百抵擋大

自然的力量，一味的針對核四廠，顯然有失公允。

　　核能發電史六十年，發生的重大事故就這三起。當然，它也的確帶來不少的傷亡，但若是將它的災害與火力發電相比，會發現核能發電造成的人命損失遠遠低於火力發電。根據資料，在1970到1992年間，全球共有31人死於核事故，而在此同期卻有約6,418人死於燃煤、10,273人死於燃油、3,492人死於燃氣、4,015人死於水力發電事故──這只包含電廠事故，如果再將污染因素列入考慮，將會更加可觀。

　　我們不應該放大核能的危害，這牽涉一個簡單的數學問題──期望值。簡單來說，如果今天又發生了第二次車諾比事件，不可否認，它一樣會造成嚴重的災害；但對於目前的核電技術來說，發生事故的機率不到千萬分之一，發生像車諾比一樣嚴重事故的機率更趨近於零，在沒有發生事故的情況下，核電對人類生命的危害就是零。反觀火力發電，不管是發電過程的火災、觸電，還是載送煤礦、石油、天然氣途中的交通事故，光在美國一年就造成1,500人死亡，風險性可謂極高，而即使沒有這些意外，它仍會不斷排放廢氣，造成空氣污染──更不用說為了石油利益，全球一年要引發多少戰爭了！無論計算機率、計算傷亡人數，還是計算期望值，核能都是最安全的能源。

　　核四廠的安全性，完全有專家掛保證的。地質方面，完全依照美國的標準，由民間機構長時間嚴謹評估後，再經中華民國地質學會、國立中央大學及中央地質調查所「產、官、學」三方評估，確保電廠周圍無活動斷層。設計方面，它的安

全設計經美國核管會認證，在國際上已有四部同型的機組完工商轉；施工方面，核四廠的圍阻體採用厚2公尺的鋼筋混凝土設計，內襯以鋼板，足以防止輻射外洩。而在電廠內工作的人員，執行建造、維修工作都會先經過專業訓練及技術認證，確保每一個環節都一定不出差錯。所有的人都知道這是攸關性命的大事，萬一核四真的不安全，我相信政府與專家乃至工作人員們都一定不會同意它運轉的！

至於正方最後一點提到的，貢寮區接近首都圈，附近的居民多達600萬，核電廠不應該蓋在人口這麼稠密的地方，我認為這實在是倒因為果。正是由於新北、台北二市人口高度集中，核一、二、四廠才會陸續蓋在北部，就近供電。而且，無論電廠蓋在何處，輻射外洩時都必須疏散居民，正方依據此點反對核四建於北部，難道只要核四蓋在中南部，影響的人口不那麼多，就情有可原了嗎？

正方二辯：環境影響

首先我很佩服對方辯友，對於其他種發電方式的缺點都能體察入微，而核能發電顯而易見的巨大的缺陷卻不能引起你們的關注。我們今天討論是否興建核四廠，國人最關注的議題是核四這座核電廠是否安全，對方對於核四廠本身的施建缺失充耳不聞，對國際上所發生的嚴重核災的敘述，更是不恰當。而以機率與期望值來決定是否興建核電廠，絕非理性的抉擇模式。若以期望值來看，那麼與日本一樣處於環太平洋地震帶的台灣，蓋了一座耐震係數低於福島核電廠的核四，發生核安

事故的機率只能說絕對高於福島核電廠，在這樣的情況之下，真的能放心讓它運轉嗎？雖然其他發電方式的致死人數多於核能，但這並不代表其他發電方式的風險高於核能，若僅以致死人數來判定，那麼我相信吸菸的致死人數一定遠高於所有發電廠致死的總和甚多，那麼我們能說吸菸的風險高於核能發電廠嗎？對於風險的認知，我們必須了解到在風險控管上，超過一定程度的危害，例如戰爭，政府的職責就是竭盡所能避免其發生，我相信現在沒有國家會為了短期的經濟因素，而發動戰爭，那麼我們能夠為了眼前的短視近利，而興建核電廠嗎？我方一辯剛才從安全領域闡述了我方觀點，另一個國人對核電廠的疑慮，就是核電廠對環境所造成的傷害，針對這一部分我以下述三點對我方觀點進行立論：

首先，核廢料一直以來是世界各國對核能發電所產生的後遺症，一個一直束手無策的問題。可是這個問題一天沒有解決，核電廠對環境的危害就會一直持續下去。核廢料分為高階與低階核廢料兩種，低階核廢料只是被核輻射所污染的服裝、設備、耗材等；事實上真正危險的用過核燃料指的是高階核廢料，根據《今周刊》委託世新大學民調中心的調查，全台灣只有2％的國民知道，放射性極高、半衰期長達數萬年，這種真正可怕用過的核燃料就貯存在核電廠內，也就是說，就處於你我的身邊。全台居然有高達40％的國人錯誤地以為用過的核燃料就是放在蘭嶼島上。國人如果知道這麼危險的東西，就存在你我的身旁，還會支持建核電廠嗎？這也是台電當局一直不敢說清楚的事實。台灣地狹人稠，加上地質不穩定，絲毫無法找到

任何一個安全的地方來置放或處理用過的核燃料。現在核一廠已經放置了五千餘束燃料棒；核二廠有高達七千餘束；核三廠也有兩千餘束，三廠合計總共超過一萬六千束核燃料棒，相當於23萬顆美國投置於廣島的原子彈。但三座核電廠的冷卻池設計只能放九千五百多束，如同垃圾桶裡的垃圾滿了卻又沒地方擺，就只好再將垃圾筒內的垃圾再往內擠，台電也只能降低冷卻池內的燃料棒的間距，現在一束束燃料棒都擠到快碰在一起了，這在國際間是十分駭人聽聞的。

　　其次，核電廠所散發的輻射對周遭環境以及人體更會造成無法抹滅的傷害。事實上不只是核廢料具有放射性。即便沒發生意外事故，核電廠在運作的過程中，也一直不斷的在外洩放射性物質。但自然界無法消化分解這些人工放射物，這些物質會透過食物鏈造成生物累積，傷害自然界的所有生物。台電當局卻一概否認，當作從來沒這回事，其心可議。這樣的狀況已經造成核二廠附近大量魚群突變，成為所謂的「秘雕魚」。這些秘雕魚的脊柱長成上下左右雙S型彎曲，體內被化驗出含不尋常高量的鐳-226，鉀-40等輻射與重金屬物質。

　　除此之外，歐美各國也已有研究顯示，核電廠附近的婦女罹患乳癌，或兒童罹患血癌的機率要高出其他地區數倍。事實上，核電廠產生的用過核廢料、中低強度核廢料及許多輻射污染物會產生中子、α、β、γ射線及懸浮顆粒會產生強游離輻射效應，造成細胞核裡DNA的核酸序列被刪除或變化、轉移系列位子，進而引發癌症及遺傳性缺陷。台電當局對於這方面非但不謹慎，甚至容許高濃度輻射污染的鋼筋、冷凝銅管、長期

被曝器材等轉賣以及任意亂埋，而導致整個台灣嚴重的輻射污染。1992年爆出的民生別墅輻射屋事件，導致許多居民罹患血癌而死亡，更是無法抹滅，血淋淋的實證。

最後，核四廠也對人文環境造成破壞。事實上，核四廠現址為廣義的十三行文化遺址。在1990年代，當地更陸續發現貝塚、風洞、陶土、水池、古墳等凱達格蘭族的遺跡，為全民珍貴的文化資產。但政府為了興建核四廠，甚至委託學者研究作出古墳「不值得保留」的結論，直接在珍貴的人文古蹟上蓋核電廠，對於原住民族而言，不只是有形的古蹟被摧毀殆盡，無形的傳統文化與信仰也由於蠻橫硬幹的公權力被迫中斷與停擺，一直到近期因高漲的民意壓力，核四廠不得不開啟大門，使得原本為了核安，門禁應當森嚴的核四廠區，上演原住族人進出祭祖的戲碼。除此之外，在核四廠的環評過程也屢遭動手腳，不論是核四機組自行變更增加瓦數、事先以其他地目獲取用地，再任意變更使用目的來規避根本無法通過的環評項目。這種「先射箭，再畫靶」的操作方式，更能證實政府在執行公共建設的決策，毫無標準可言；為了達到「核四必須興建、商轉」的目標，古蹟可破壞，門禁可犧牲。一直以來台電就以「專業」的形像自居，來躲避各種對核四的質疑，在公共建設的決策過程中，型塑高高在上不容置疑的的戰略地位。但所謂的「專家」，事實上是一群以「清大核工幫」為首的台電、原能會等產官學互利集團，在魚幫水水幫魚的狀況之下，做出來的「專業報告」可信度仍有待考證。從以上的例子以及近年來持續被揭露的貪污弊案可知，最不尊重專業，破壞這種「核安

專業神話」的，也正是台電自身，台電已經沒有任何藉口躲避對核四廠的各方質疑，對任何問題必須說清楚、講明白，讓真理愈辯愈明，如此興建核四廠的不合理性也才不會因台電「訴諸權威」的手段而被掩埋，使得實存的問題永遠見不得光，永遠無法獲得解決。綜上所述，我方堅決認為，核四廠的興建，絲毫不具合理性，應盡速停建。

反方二辯：環境影響

污染的確是民眾對於核電的一大疑慮，很多人擔心核電廠或核廢料的輻射對人體與環境是否有害，因此在這裡，我要就核能發電的污染問題做一個簡單的說明。

平心而論，任何發電方式都是有利亦有弊。核廢料的確具有高輻射性，而且必須歷經幾年至幾百年的半衰期，才能完全消除對人體的危害。但重點不在於它多麼危險，而在於我們怎麼處理它。以目前的技術來說，核廢料會先被焚化後壓縮固化，封存在能阻絕輻射的金屬容器中，最後再埋在地下倉庫中永久衰變（最終處置）。這種種防護措施，確保了核廢料的危險性能被降至最低，沒有輻射外洩之虞。

核電廠本身又是否安全呢？在此提供一個簡單的數據：一名在核電廠工作的員工，他一年吸收的輻射量大約是0.0005西弗。而人類一年吸收的宇宙射線是0.0024西弗，照一次X光的輻射量可達到0.007西弗；也就是說，不管是在核電廠工作還是住在核電廠周邊的人，吸收的輻射量跟住在100公里外的居民相差無幾，甚至你照一次胸部X光片，對你的健康危害都比住在核

電廠隔壁來得嚴重！

　　還有一個重要的觀念，那就是燃煤發電造成的輻射傷害，事實上遠遠超過核能發電。怎麼會這樣？因為煤或天然氣都含有一定比例的放射性元素，例如鐳、釷、甚至微量的鈾。經過燃燒後，濃度又比原先高出了10到20倍。按照人類的呼吸方式，每年從空氣粉塵中接收的輻射劑量，竟比住在核能電廠附近要高上10倍不等。根據統計，在紐約，每年有超過1,800人死於火力發電廠排放的粉塵導致的健康受損，而紐約污染最嚴重的21個發電廠中，有11個是燃煤電廠，另外10個是燃油及天然氣——清一色全是火力發電。相形之下，雖然核能本身輻射量更高，但從發電機本身到核廢料，每個環節都受到了層層把關與圍阻，以確保將輻射對環境的污染性降到最低。

　　也就是說，核能發電不太會對環境造成污染，連最常被詬病的輻射問題都遠遠低於火力發電，而火力發電卻還有空氣污染的危害。美國曾做過統計，核輻射每年平均造成全美0.4人死亡，減少全國人0.01天的壽命；而空氣污染每年卻造成全美13,000人的死亡，減少全國人0.2到11.5天不等的壽命。而住在火力發電廠周圍受到的健康危害又更加嚴重。

　　反核人士會問說：你願意讓核電廠蓋在你家後院嗎？也許我可能會反問：那你願意讓火力發電廠蓋在你家後院嗎？老實說，如果真要在我家後院蓋一座發電廠，我寧可它是核電廠，而不要是火力發電廠。

　　還有溫室效應的問題，台灣有2,300萬人口，在全球排名第50，每年卻排放2.7億噸的二氧化碳，在全球排名第19，屢次被

國際環保組織關注。在「節能減碳」的全球趨勢下，台灣又怎麼能繼續開環保倒車，堅持火力發電呢？要知道，核廢料危險歸危險，但它卻能夠被控制、被封存，核電廠危險歸危險，但只要不出事，它對環境就沒有任何污染，即使發生核外洩或核爆炸，它的影響力也僅限於一地。但是火力發電呢？無論它有沒有發生意外，一根根大煙囪總是全年無休地排放著廢氣與粉塵，污染著我們的環境；而且，溫室效應是全球性的災害，即使你住到美國去，台灣火力發電廠排放的溫室氣體一樣會危害到你，躲也躲不掉。因此我方支持續建核四並商轉，因為減少了數座火力發電廠，反而可以讓子孫保有一個更環保的綠色地球。

正方三辯：再生能源

對於核電廠所散發輻射量是否安全而言，曾在核一、二廠服務33年的員工李桂林是個典型的例子。他從1973年考入台電核能班後，持續在核電廠的管制區工作，也因此接受了高劑量的輻射曝曬，導致喉部鱗狀細胞癌，血小板更只有平常人的十分之一，台電卻與榮總聯手，竄改其健康報告，讓他「健康退休」，可見所謂「理論上」應該對健康危害極低的輻射曝曬量，在實際的人為環境之下，並非絕對值。像李桂林一樣因核電廠的輻射外洩而致癌的例子不在少數。接下來我方將從能源結構的改善方面論證，核四廠並非如擁核者所言，為「必要之惡」。

首先，近年來由於環保及抑制溫室氣體排放，太陽能、風

能、生質能、地熱、海洋能等再生能源，符合環保的永續能源的概念，已獲得世界各國高度關注。風能及太陽能等由於技術發展，已使其成本大幅降低三至五成。預期未來十年內可再降20％～35％。因此美、日及西歐等國家，均積極進行相關發電的開發利用，全球的風力和太陽能發電容量在過去十年間呈數倍增加。台灣雖然目前相關的再生能源裝置容量僅有6％，尚處於待開發階段，並未能一舉取代傳統的發電方式，但台灣地區雨量充沛，每年可累積九百億噸降雨量，且境內有百餘座三千公尺以上的高山與山谷，河川坡地陡峻，水力資源豐富，水力發電曾為台灣光復初期發電系統之主力。且台灣是個海島，風力資源相當豐富，每年約有半年以上的東北季風期，新竹湖口、關西台地的部分山區、海濱及離島也都很適合風力發電。此外，台灣在太陽能和生質能方面亦有相當大的發展空間。長期看來，太陽能、風力、沼氣、地熱等再生能源，取之不盡，用之不竭，不會對環境造成污染，又無需仰賴他國進口燃料，即使不討論核能存廢的議題，在未來由於面對石化能源枯竭的危機，發展再生能源必然成為全世界的趨勢。

其次，電力事業的自由化則能夠為台灣帶來替代核能發電的選項。台灣若能完全開放電力事業自由化，讓民間自由興建電廠，且自由輸配電與售電，並建立完善的區域輸電網路，則能全面增加產電、輸配電和用電的效率。現在台灣的電力事業幾乎完全由台電所壟斷，台電喜歡蓋大型電廠，然後再用很長的管線來輸配電，其中至少浪費了6％以上的電力。放眼國際，發電裝置多朝小而美、更具彈性的模式經營，台灣屬於小型

海島國家，卻拚命蓋大型電廠，使得設廠成本高又缺乏調度彈性。另一方面，台電保證收購價格所扶植出來民營電廠，不具競爭力。這種經營模式，均使發電市場被台電壟斷、價格因而被扭曲，台電動輒用調漲電價甚至「可能缺電」來恐嚇人民及企業界，以達其背後之目的！

此外，汽電共生是另一個能夠化腐朽為神奇的發電方式。汽電共生利用工業製造的廢熱發電，能夠達到能量利用最大化的目標。在能源匱乏的台灣，能夠達到節省能源功效，而對於減緩台灣整體二氧化碳及溫室氣體的排放，也能發揮正面功效。以德國為例：柏林市的Berlin Mitte熱電整合電廠靠近住宅與商店區，其燃氣渦輪機發電機組產生的高溫排氣廢熱，可以導入廢熱鍋爐產生高壓蒸氣，推動蒸汽渦輪機發電，提高燃油發電效率。甚至可以利用廢熱鍋爐的低溫燃氣餘熱、渦輪機組的冷卻熱及蒸氣冷凝熱回收加熱熱水，提供附近居民所需的暖氣熱源。綜上所述，核電廠並非無可取代，擁核者眼中僅視核能為唯一選項，是見樹不見林，極度短視的作法。因此我方認為開發再生能源，才符合永續發展的原則，也唯有如此，你我的明天才不會被核電廠這顆未爆彈所威脅，永遠無法安穩的生活在這塊土地上。

反方三辯：再生能源

是的，也許有人會納悶：我們為什麼老是比較核能發電與火力發電？那再生能源呢？既然核能發電與火力發電都有那麼多缺點，那就兩者都捨棄，用再生能源總行吧？很遺憾的，在

這裡我必須說，再生能源對目前的人類來說，是不合乎效益、而且也不切實際的，對於台灣人來說更是如此。

先來講講風力發電，它是所有再生能源發電方式中最廉價的一種。不過，光一台發電機組（也就是大風扇）的造價就要1億多台幣，而一支風扇一年的發電容量為600至2,000瓩（kW）不等，核四的發電容量為2,700百萬瓦（MW）；換算下來，等於說最少需要1,350座大風扇，它的滿載發電量才抵得過一座核四，光算造價的話也許低於核四，但別忘了還得考慮風扇的設置用地，這個面積粗估大概有4.5個台北市的大小，徵收這麼大的土地需要多少錢？我也算不出來。

再來說說最多人推崇的太陽能發電，它也許是最可行的，表面上，它是免費的、取之不竭的、無污染的、也不用設置巨大的發電機組。但事實上，就人類現有的技術，它仍然破綻百出，而且比風力發電更不切實際。它不僅造價昂貴，也更花費土地，平均每50瓩容量的電，就需要1,000萬元的造價，並且需要200坪土地。如果說，想要鋪太陽能面板鋪到能抵一座核四的發電量，至少需要5,400億台幣，以及1080萬坪的土地，這個面積又更不得了了，換算一下大約是10個台灣的大小。

更重要的是，再生能源必須考慮時空因素，萬一天氣不好，來了個陰天、雨天、沒風天、甚至颱風天，即使你蓋再多風扇，鋪再多太陽能板，也只能放著生鏽、養蚊子。但是核電卻沒有這個問題，只要你願意，全天候24小時都能運轉。

所有支持再生能源的人都標榜它的乾淨無污染，但很遺憾的，這也不是事實。某些角度來說，再生能源為環境帶來更劇

烈、也更深遠的衝擊。

　　風力與太陽能都需要耗費大量土地，舉太陽能來說，美國加州為了建造太陽能發電廠，一口氣鏟平了1,000平方英里的土地，想想看這些地表上的植被，每年能製造多少氧氣，這不是本末倒置嗎？還有，製造太陽能面板的過程中會產生四氯化矽，這是一種劇毒，回收率很低，沒回收的則排入河水中，或是掩埋在土中，這對於生態的傷害遠勝過核廢料。水力發電對環境的污染，看三峽大壩的例子就知道了，為了蓋這座大壩，前後共遷移了湖北、重慶二十多個縣市區120萬的居民，當三峽蓄水後，共有560種植物會被淹沒在水平面下，還有許多動物的生存空間縮減，雖然大部分的物種都已得到搶救，但長江的生態系卻已永遠不可能恢復原狀，這只不過換來全台灣核電廠的兩倍的發電容量，值得嗎？至於其他，風力發電容易傷害天上的鳥類、蝙蝠，地熱發電容易污染地下水、引發地震，汽電共生說到底還是要用到化石燃料，沒有一項再生能源是真正乾淨、對自然零負擔的。所以，與核能相比，又是誰危害環境多一些呢？

正方結辯：台灣現狀

　　核能電廠在安全這塊所產生的大問題，一日無法解決，就持續威脅著國人的身家安危。即使目前這些替代核能的方案尚未成熟，並未改變核能不安全的這個事實。反方持續強調其他發電方式所費不貲，但事實上，魔鬼總藏在細節裡，核能發電所需要的花費更是高的嚇人，核能發電成本之所以能像官方說

法那樣便宜，事實上是因為台電刻意忽略許多項核能發電所造成的外部成本、後續成本與隱藏成本，讓這些成本成為後代子孫的累贅。

首先，即使是支持核能的一方，也應該看得出一再膨脹的核四預算，是非常不合理的公共工程投資。核四廠的興建預算已從一開始核定的1,697億一路攀升，到現在已經要超過三千億大關，追加預算額已將近原預算的一倍。核四已經成為全球造價最貴的核電廠，也是台灣公共工程有史以來最大的超級「錢坑」！核四在專業的包裝及政治的掩護下，成為無底的預算黑洞。況且預算並非真正的建廠「總成本」，因為自電廠完工開始商轉起，至貸款全部償還止，利息費用完全未列入預算之內。

雖然每次增加預算台電都有他的理由與藉口：設計變更過多、採購案廢標及履約爭議、承攬商因財務問題無法配合或甚至倒閉等云云，但仔細看一看，這些台電親口說出的理由，不正好是外界對核四安全存有疑慮的原因嗎？我們真的要繼續燒大把的鈔票，來蓋這一台誰都無法保證開了不會出事的拼裝車嗎？

另外一個核能發電其實很貴的原因在於世界各國到目前為止都還無法解決的燙手山芋──核廢料。政府忽略了台灣地質不穩定而且人口稠密，根本沒有適合存放核廢料的地方。而低階核廢料，則是丟給蘭嶼的原住民族去承擔，所謂把核能當作是便宜能源，是因沒有計上後續的環境成本。

舉其他國家的經驗為例：2011年被歐巴馬終結的尤卡山核

廢料處置庫工程起初總費用就預計大約962億美元。而德國的《明鏡週刊》更預估，為了處置下薩克森州地下750公尺的阿瑟二號（Asse II）鹽礦坑貯存了12餘萬桶核廢料可能外洩，整項行動要花約2,000億到3,900億台幣。美國《新科學家》雜誌便指出，目前全球所有使用核電的國家，沒有任何一個能夠找到最終處置場，來長期封存高階核廢料。因此即使未來核電廠除役，不再發電產出任何經濟價值，國人仍然必須一天24小時耗費能源、資源、空間、人力管理含有劇毒、用過的核燃料棒，而且這種狀況必須無止盡地進行下去，而這些花費將來都必須由後代子孫負擔！由此可知核電不只不便宜，還會是世世代代沉重的負擔。

其次，廢核本身是一條非常艱鉅的道路，如同吸了鴉片的人要戒毒一般，但這是身為核能使用國家的國民，必須要挺起肩膀承擔的共業。若一味沉溺於核能帶來的短期利益，則未來必須付出的代價是難以承擔的。唯有走向正確的道路上，改變台灣的產業結構與提升能源運用效率，才能讓台灣這塊土地永續發展。台灣之所以平均電力使用高於他國甚多，問題不在於民生用電，而是工業用電。平均我國每生產1美元的商品，耗電量為日本的兩倍，造成這樣的狀況是因為我們政府的工業政策是用你我所繳的電費與稅金來補貼鋼鐵、水泥、石化、造紙等高耗能產業。上述四大產業在過去近20年間所創造的國內生產毛額僅約占全國的7％，但卻用了超過全國三分之一的能源與電力。台電動輒以調漲電價、將無電可用等藉口威脅百姓來達到興建核四的目的，是完全沒有道理的，因為問題根本就不出

在民生用電啊！若不改變擴張耗電工業政策，建再多的電廠也是不夠。政府在新增重大投資案時，應排除高碳、高耗能產業（如石化、電子業、鋼鐵等），考量環境產生的累加效應，並且以不增加溫室氣體排放量為原則。這也是一個有前瞻性的政府，在做公共投資建設時應該有的思維啊！

綜合我方前面三位辯者的論點，不論安全因素也好，環境影響因素也罷，亦或是現下再生能源的發展，沒有任何理由支持我們繼續仰賴核能發電。台灣目前運轉中的核能發電廠僅占總供電量的12％，相較於其他已經對核能說不的國家，對核能的依賴相對低很多，而現在台灣的電力備用率超過20％，所以即使核一、核二、核三全部停爐，依然不會馬上面臨供電荒。好不容易三座核電廠即將除役，何必又甘冒著未來核電廠運轉及長期的核廢料風險，來追求短期的蠅頭小利，更何況前面已經提到，長期來看，核電廠的建設與運轉是極為昂貴的。我們在討論核四這項公共投資建設的同時，必須了解這個議題影響層面有多麼廣泛，除了經濟因素以外，尚有環境正義與世代間正義等因素需要考量，唯有透徹分析核電帶來的利與弊，民眾才能夠對產官學集團強迫餵食的罐頭藉口說不。核電並非高效率的能源，它只是將人民必須付出的風險與代價「延後償還」罷了。等到核電廠不再運轉的那一天，已經無法提供看似低價能源的那一天，我們還是非得繼續付出高昂的稅金與電費，來支付使用核電的善後；依然得冒著核廢料外洩的風險，且這些支出與風險，是世世代代絲毫沒有享受到核電帶來的便利的子孫們，也被迫必須償還的。所以唯有及早放棄核能發電，才能

有光明的未來，也才會有世代正義！

反方結辯：台灣現況

今天，之所以會產生「核四議題」、「核四議題」之所以深陷泥淖，究竟是誰的責任？有人會歸咎於台電，歸咎於政府，我們卻認為兩者都不盡然，在公布謎底之前，我要先跟各位講一段真實的歷史：

2000年，台灣政黨輪替，陳水扁總統在上任五個月後就宣布核四廠停工，這時核四的工程進度大約是33％，投入預算大約434億，加上違約金253億元，代價總共是687億。本來，要是核四從此徹底停建也就罷了，這687億台幣就可以當作是停損點，全民摸摸鼻子認了。誰知道，到了隔年的1月30日，停建案遭到立法院的否決！並且在2月13日宣布核四復工，從此核四才變成一個錢坑、一個惡夢。

當時，台電與美國奇異公司的合作關係已經終結，也沒有廠商願意中途接手，替核四背書。在這種情況下，台電只好自行扛下責任，將核四繼續蓋下去。由於沒有原廠顧問，台電只能從頭開始摸索；由於停工期間零件生鏽、毀壞，只好添購新品。也正是因為這樣，預算一再追加，設計一再變更，本來1,000億能蓋好的核四，最後卻可能花掉4,000億，這項原罪實在不應該由台電來承擔。這完全是政黨輪替卻又「輪替得不徹底」所造成的後果——換句話說，是台灣人民自己用選票造成的。

大家都知道，民進黨從一開始就是站在廢核的立場，因

此，2000年人民選了陳水扁當總統，也就等於默許了核四的停建；但是人民又選了超過半數的國民黨立委，讓他們在立法院杯葛政策，才造成了核四復工；到了2008年，人民又選出馬英九當了總統，讓核四繼續建造，直到現在接近竣工。在這個過程中，台電一直跟著政府的政策走，而政府的政策又反映了民意，因此可以說，台電正是按照人民的意向在走——人民要核四停工，所以台電停工了，並且被迫與奇異公司終止了合約關係；人民又要核四復工，所以台電復工了，為了把核四蓋下去，被迫變更原設計，並且不斷追加預算。如今，核四總花費已來到3,300億，已超過了台電公司的總資產，要是核四廢止不用，台電就會立即實質破產。

事實上，爭論核四「停不停建」本身就是個弔詭的問題，核四早已將近完工，現在才來討論「停不停」早已沒有意義，就像沒有人會去爭論「核三是否該停止運轉」吧？如果我是反核派的話，我可能會去「反核五」、「反核六」，趁它們還沒有開始建設之前防範於未然，但是今天核四廠已經實質完工，已是既定的事實，廢除它，就跟廢除核一、核二、核三廠一樣，只是一種虛耗、一種不切實際的理想主義。

於是，很多反核人士主張說，台灣根本不適合發展核能，我必須承認：這是事實——但也不是事實。什麼意思？比起核能，台灣更不適合全面發展再生能源，核能反而相對而言是最適合的。

2011年德國總理梅克爾宣布，德國將在2022年完全廢核，這個消息讓全球反核人士大受鼓舞，台灣也不乏部分質疑，說

德國能廢核，為什麼台灣不能？我就在這裡給各位分析台灣不能的原因：

首先，台灣發展再生能源的先天條件不足。就像剛才介紹過的，建設風力、太陽能、水力發電廠的先決條件就是要有足夠大的土地，像是一座核四要轉換成風力發電，就需要4.5個台北市的面積，台灣地狹人稠，即使每一寸土地都拿來蓋太陽能發電廠，也不夠供應全國用電。水力就更不用說了，全球水力發電發達的國家中，奧地利境內有歐洲第二長的多瑙河，瑞士境內有1,500個大型湖泊，挪威境內最長的格羅馬河長達604公里，而台灣呢？地勢南北狹長，河川大多東西流向，最長的濁水溪只有187公里，淡水河159公里，流量小且不穩定，根本沒有合適的地點建造大壩。

大家都知道，再生能源講好聽一點是「取之不竭」，講難聽一點就是「看老天的臉色」。太陽能發電少了太陽光就無用武之地，風力發電也必須要有風才行。台灣屬於季風氣候，終年多雨，也許雨季短的南部還勉強適合發展太陽能，但住在北部的人都知道，從十一月到四月──相當於半年的時間，老天經常在下雨；而到了夏天，幾乎每天都有午後雷陣雨，加上酸雨問題；在這種氣候下發展太陽能，不僅效率低落，而且面板還可能被淋壞！

風力發電呢？這在台灣倒比較可行，目前台灣共有288座風力發電機組，主要分布在桃園到雲林的沿海一帶，這一帶受到強勁的夏季西南氣流與冬季東北季風吹襲，一直是台灣發展風力發電之最佳地點。不過還有一個問題，就是台灣的颱風多，

別以為颱風多、風大，就有利於風力發電，要知道，風力發電不是有風就好，風速還必須符合一定的標準——太小，發電效率就低；太大，又會吹壞風扇，所以每當颱風來臨前必須大費周章去固定扇葉，增加不少成本。2008年薔蜜颱風來襲的時候，高美溼地的第2號風力發電機就因此被吹倒，瞬間損失超過1億台幣。因此，台灣的風力發電環境其實並不是那麼完美的，當成多元電力的來源之一當然可以，但要由風力發電取代核能發電，在台灣，絕無可能！

還有，再生能源也不是說蓋就蓋，建設是需要時間的，從環境勘察、土地徵收、架設基礎電力系統，少說也要幾十年的時間。像挪威、奧地利、葡萄牙、瑞士這些國家，從1920年代就開始建設水力發電廠，丹麥從1980年代全力推廣風力發電，而德國的廢核政策也是在2001年就開始規劃，從那時候發展再生能源至今12年，才勉強能高喊廢核的口號，而且重點是，它們的電價很貴，是台灣的6倍。而台灣有此條件嗎？目前再生能源只占全國發電量的6％，核一、核二、核三在民國114年會全數退役，這三個廠目前供應全國18％的電，或許我們大可以催眠自己，說那距離我們還很久遠，但是，台灣有把握在這10年內，將再生能源發展到足以銜接上它們的電力缺口嗎？

最後，德國能廢核，台灣為什麼不能？德國位在歐洲大陸中央，整個歐洲都配置有國際電網，要是一個國家缺電，還可以靠這些電網從他國買電。也就是說，即使德國完全不發電，只要它錢夠多，就可以全部從外國買電，所以根本不用擔心能源穩定的問題。事實上，近年來德國就幾度陷入缺電窘境，必

須向法國購買電力，而法國的電力恰好又是以核能發電為主，也就是說德國仍然變相的在依賴核能，所以，這樣的「廢核」政策意義何在呢？

　　回頭看看台灣，四面環海，要跟誰買電？即使架設海底電網，鄰國中國、日本、菲律賓跟我們關係都不太穩定，難保這其中不會牽涉到政治與外交諸多問題，即使對方肯賣，價格也絕不會比現在便宜，一旦過度依賴進口電力，更形同將我國的經濟命脈交到別人手裡。所以呢？一切還是得靠自己，為了穩定的供電，台灣現階段只能依靠核能，也必須讓核四商轉，再妥為規劃下一步的「非核家園」，而非立即廢核，讓台灣陷入「限縮發電方式之選擇」、「限電」與「漲電價」三大危機之中！

反核四CD1與擁核四CD2內容（對比式）大綱

正、反理由 序號	CD1：反核四 11大理由	CD2：擁核四 11大理由
1	核四是錢坑！	撤銷核四，台電將倒閉！
2	核四是拼裝出來的！	哪一項工程不是拼裝的？
3	核四很「掉漆」！	核四其實最安全！
4	台灣多天災、地震、海嘯……實無條件建核四！	核五必反！為什麼卻很少人反核三呢？
5	台灣太小，無法承擔核災！	台灣不僅小，且孤立無援！是「電力孤島」！
6	核電其實很髒！	核電最人道！
7	核電並無法減碳！	核電是目前最佳的低碳發電方式！
8	核廢料遺禍萬年！	「放射性」其實到處都有！
9	廢核是全球趨勢！	新一代的核電是國際上的主要發展潮流！
10	核電其實不便宜！	核電成本最低，效率最高！
11	有諸多其他的選擇，為何一定要核四？	選擇其實並不多！廢核四在現實上是無解的！

核能知識大會考
你真的了解核能／核四／公投嗎？

檢測方法

　　以下問題皆分為兩個選項，閱讀題目後，請依照是否能完整說出答案，選出自己是否了解這些問題。回答「是」的人，表示你對這些問題已充分了解，回答「否」表示你在核四公投前，對於核能、核四以及公投的相關知識還不夠，那就趕快透過本書替自己Update這些新知。在這裡邀請的各位花點時間慢慢做答，現在就開始測驗吧！核能知識大會考，究竟你能獲得幾分呢？

題號	測驗題目	選項 是	選項 否	本書頁數
1	知道台灣核廢料的放置廠所為何？			266
2	知道「碳足跡」在產品生產過程代表什麼意義嗎？			84
3	知道國民黨團提出的核四公投題目嗎？			260
4	能夠說出核電廠遺下的核廢料半衰期的長度嗎？			89
5	知道核四廠的原始預算與目前已花費的預算是多少嗎？			112～114

6	能夠說出我國各種發電方式的發電量比例與其成本比如何？			186
7	知道我國目前各式發電量的比例現狀嗎？			123
8	知道核電廠除役之後還需要花費哪些「除役成本」嗎？			119
9	知道其他各國為什麼反對核能發電？			96～109
10	能夠說出核電廠對鄰近海域會造成什麼樣的影響？			86～87
11	知道是什麼原因導致「秘雕魚」的產生？			87～88
12	知道核四廠區是哪一族的文化遺跡？			80
13	知道核廢料還有什麼利用價值嗎？			178～179
14	能夠說出福島核災的發生經過？			72～75
15	能夠說出台灣四座核能發電廠的地理位置嗎？			67
16	知道台灣四座核電廠附近有哪些斷層帶嗎？			60～61
17	知道核一、核二、核三廠運轉至今發生過哪些意外事故？			54～57
18	了解核電廠「壓力測試」的作用為何？			44

19	能夠區別「擁核」與「擁核四」的差別為何？			136～137
20	能夠說出除了核能之外，世界上有哪些能源型式？			139～142
21	知道全球唯一課徵「核能稅」的國家是哪一國嗎？			214
22	知道核電廠與其他發電廠的二氧化碳排放量為何？			189～192
23	知道多少輻射劑量才足以使人致命，以及核電廠員工每年吸收多少單位的輻射劑量呢？			175
24	能夠說出續建核四的社會成本有哪些呢？			116～118
25	能夠說出INES（國際核能事件分級表）的分類等級與世界各國的著名核安事故。			75～78
26	知道台灣的核電廠做過哪些安全測試與經過哪些單位的驗證？			158～159
27	能夠說出確保核安安全的「六道防線」為何？			153～154
28	知道世界各國的公民可利用公投議決哪些事項嗎？			231～235
29	能夠說出《京都議定書》確立了什麼制度？對環境維護做出什麼樣的管制？			187～188

30	能夠說出其他再生能源也會對地球造成什麼樣的污染呢？			169～173
31	能夠說出日本在福島核災後所提出的「革新能源環境戰略」的政策構想為何？又將造成什麼樣的影響？			204～206
32	知道「備載容量」的概念為何？			195～196
33	知道地理因素對台灣與德國能源政策的影響為何？			184
34	知道風力發電會對環境與生態如何造成破壞？			172
35	知道德國因執行廢核政策的能源轉換支出花費預估將達到多少歐元嗎？			213
36	知道為什麼生物燃料被比喻為「天上掉下來的餡餅」嗎？			195
37	知道為什麼台灣的公投法被戲稱為「鳥籠公投法」？			238～241
38	知道為什麼馬祖的「博弈公投」投票人數未達50％也能通過嗎？			247～248
39	知道為什麼民進黨與國民黨雙方對核四公投的題目爭執不下嗎？			248～250
40	能夠說出台灣有哪些重大公共建設也是經過多國合作的產物嗎？			148～151
41	知道輻射如何對人體造成不良的影響？			267～268

42	知道台灣的地熱發電遭遇到什麼樣的困境？	167
43	知道核能發電與其他發電方式對人類平均壽命縮減的天數為何？	163～164
44	參考國際現行模式，台灣現行的《公投法》有哪些修正方式？	245
45	能夠說出水力、風力、潮汐、火力等發電方式的侷限性為何？	144～145
46	了解太陽能發電對環境會如何造成污染？	169～171
47	知道核電廠的「圍阻體」是什麼？有什麼功能？	154～155
48	知道有什麼真實案例讓人們對核電廠的輻射避之唯恐不及嗎？	271
49	能夠區別高放射性核廢料與低放射性核廢料的差異？	90～91
50	知道核能是什麼？是如何發展成為發電技術的呢？	137～139

檢測方法

　　上述50個問題，回答「是」可獲得2分☺，回答「否」則獲得0分☹，趕快計算一下你能夠獲得幾分呢？得到總分後請對照下表，馬上就可以知道，你對核四公投的知識合不合格囉！

總分	評等	評語
86分以上	核能小博士	恭喜你，你已經是全國前9％的優秀國民喔！看來你平常十分用心關注核四與公投的議題，請隨時保持補充相關新知！你可以將這些題目拿來考考身旁的大朋友小朋友，相信大家一定對你刮目相看！小博士的任務是把這些基礎常識推廣出去，台灣不能沒有你！
70～86分	核能小尖兵	你對核四與公投的知識比一般的國民豐富，但還能夠補充更多新知，相信讀完本書後能夠更優秀，進一步向核能小博士邁進！
50～70分	核能小學生	你的核能與公投的了解還在水平範圍內，但是對較深入的知識還是迷迷糊糊，趕快拋開不求甚解的心，呼朋引伴來閱讀本書，擺脫人云亦云的窘境吧！
50分以下	核能小白兔	你對這次核四公投的議題不夠關心喔！請快點服用這本書所為你準備的良方，不然核四公投當天就會是一隻「誤闖投票所的小白兔」！

附錄三
核四公投塗鴉牆

關於核能／核四／公投，他們這麼說……

核四與公投是兩回事，我反對核四公投，但不反對公投。

　　　台北市市長　郝龍斌

台灣常地震、台灣地方小、核料一外洩、百年救不了、未來全毀掉、只能海裡跳。

　　　主持人　蔡康永

現在核四可能再花五百億元還收拾不了，這幾百億元何不用來做一些對解決問題有幫助的事？

　　　諾貝爾化學獎得主　李遠哲

當政府定調辦理公投，社會最需要的是專業的辯論與對話，使當上主人的你我，能真正認知問題的本質。

　　文化大學政治所教授　楊泰順

依照目前的公投法來辦理公投，不是政治人物的政治遊戲，就是在開人民的玩笑。

　　核四公投促進會總召　林義雄

核廢料丟在哪都沒人要，這不是很詭異的問題嗎？那既然這麼安全，就放在總統府就好啦，不是嗎？

　　　藝人　陳昇

台灣位處地震帶，用核電，等於是不用對戰敵軍，就幫自己埋了地下炸彈，神經病啦！

鄉土文學作家　黃春明

福島核災已定調是人禍，只怕台灣也會死在人禍。

美國核能學會論文首獎得主
賀立維

這是一個技術性的問題，應該由專家決定。技術性的東西不宜公投，因為人民未必有完整的知識來做決定。

諾貝爾經濟學獎得主　康納曼

我們不能因為福島核災而全盤否定核電，應該看到核電的積極效應，它能提供低價、清潔的電力，同時也能減少溫室氣體排放。

美國能源部部長　莫尼茲

台灣是個小島，有基本能源需求，但除非火力、風力發電評估後沒有可行性，最後才考慮核電。

藝人　林依晨

政府政策要有前瞻性，替人民照亮前面的路。但是路怎麼走，人民自己決定，不能樣樣怪政府。

中央大學認知神經科學所所長
洪蘭

如果在沒有核安報告、不跟選舉合併就舉辦公投，就是刻意讓它不過，是詐術公投。

媒體工作者　陳文茜

把不去投票的人都歸為懶惰，或不關心、或只想做順民，是太過武斷，或化約的看法。

人本基金會董事長　史英

如果要蓋水庫時，由水庫所在地區的民眾公投，那水庫一輩子都絕對蓋不起來，所以全國事務還是全國公投。

內政部部長　李鴻源

核能發電至今已經是成熟的工業，不論是二代或三代核電廠，已經有完備的科學理論與技術，安全性能極高。

香港城市大學校長　郭位

若核廢料該如何處理都沒明確答案時，核能發電廠就不該運作，這就像把肛門縫起來，告訴你東西好吃，怎麼吞得下去！

台大醫院創傷醫學部主任
柯文哲

小時候看見飛機冒出長長白煙，很興奮地一路跟著跑，後來才發現那道白煙是殺蟲劑DDT；現在，大家貪婪地要用核電，面對的更將是破壞這片土地長達兩百年、甚至兩萬年的污染。

導演　柯一正

核四的存廢，自然不是藍綠對立的議題，這是台灣全體人民的生存與安全之戰。

高雄市市長　陳菊

核四不要公投，直接停建，這樣的選項是違法的，行政院不會做這樣的考慮。

行政院院長　江宜樺

政府應以日本福島核災為鑑，不要再蹂躪土地，不要讓核電廠運轉，留給下一代安全永續的環境。

宜蘭縣縣長　林聰賢

任何日本人如果在福島核災中扮演著決策者的角色，其結果很可能將是相同的。

福島核災獨立調查委員會主席
黑川清

似乎核四停建比較好，尤其日本福島核災後，不要核電廠最好，天災、人禍各種因素都可能為核電廠添加風險。

中研院院士　石守謙

從化石能源逐步枯竭和昂貴趨勢，以及從氣候與環境的承載力看，在大力發展可再生能源的同時，發展核電是不可替代的選擇。

前中國國家能源局局長
張國寶

反核電變成了一種不需要付出代價的既漂亮又乾淨的選擇。和吃有機食物一樣乾淨漂亮。

東海大學社會系教授　趙剛

核能從過去多數人期盼的「未來能源」，到現在遭到強烈的厭棄挑戰，不到六十年的時光，一個正常人的生命，還略長於「核生」。

生態作家　吳明益

只要我當新北市市長的一天，核安問題沒有獲得保證，核四廠就不要想在新北市啟動。

新北市市長　朱立倫

因應國際上可能對二氧化碳排放的管制，及產品會依照碳足跡課進口稅的可能性，我們必須要走核能發電。

清大工程與系統學系教授
李敏

擁核、廢核可以是個理性的抉擇，但也可能變成媚俗時尚的民粹行為。

文化大學中山所教授　蔡逸儒

我的想法是……

附錄四
相關參考資料

中文

參考書籍

- 經濟部能源局，《2012年能源產業技術白皮書》，秀威代理，2012年05月01日。
- 行政院原子能委員會，《行政院原子能委員會101年報》，2013年03月01日。
- 楊昭義、陳勝朗、尹學禮，《核能工程技術導論》，水牛，2010年8月10日。
- 林基興，《為何害怕核能與輻射？》，台灣商務，2012年05月01日。
- Wade Allison著，林基興譯，《正確的輻射觀》，台灣商務，2013年01月01日。
- 克里斯・古德著，蘇雅薇、楊幼蘭譯，《不要核能，那我們用什麼？：全球能源發展現狀與台灣的潛在商機》，大是文化，2011年12月26日。
- 馬栩泉、張勝雄、陳聖鐘，《核能開發與應用》，新文京，2009年01月10日。
- 綠色公民行動聯盟，《為什麼我們不需要核電：台灣的核四真相與核電歸零指南》，高寶，2013年07月17日。

- 伊原賢著，莊雅琇譯，《石油之後，主導人類未來100年命運的新能源霸主：頁岩氣》，臉譜，2013年06月20日。
- 譚麗玲，《核能發電大哉問：120個與你息息相關的核電問題探討》，上奇時代，2013年03月28日。
- 郭位，《核電關鍵報告：從福島事故細說能源、環保與工安》，天下文化，2013年05月22日。
- 郭位，《七彩能源一鑑開：從日本福島事故看能源與環保》，天地圖書，2012年03月01日。
- 程瑛、山旭，《日本核震》，香港中和出版，2011年09月12日。
- 吳錦海，《「核」來不怕：正確對待核輻射》，復旦大學，2011年03月01日。
- 盛文林，《人類歷史上的核災難》，台海出版社，2011年06月01日。
- 平井憲夫、劉黎兒、菊地洋一、彭保羅等著，陳炯霖、蘇威任譯，《核電員工最後遺言：福島事故十五年前的災難預告》，推守文化，2011年06月01日。
- 佐佐木孝著，楊晶、李建華譯，《在核電的禍水中活著》，三聯，2012年09月01日。
- 小出裕章著，陳炯霖譯，《核電是騙人的：核工學者的真實證言》，推守文化，2012年04月05日。
- 方明、劉茵、韓美新，《核電大危機》，明鏡出版社，2011年05月17日。
- 斯維拉娜‧亞歷塞維奇著，方祖芳、郭成業譯，《車諾比的悲

鳴》，馥林文化，2011年11月14日。

- 劉黎兒，《我們經不起一次核災：政府不回答，也不希望你知道的52件事》，先覺，2011年10月31日。

- 劉黎兒，《台灣必須廢核的10個理由》，先覺，2011年11月30日。

- 劉黎兒，《廢核：給孩子安心的未來》，今周刊，2013年08月01日。

- 高成炎，《福島核災啟示錄：假如日本311發生在台灣……》，前衛，2012年04月16日。

- 歐洲華文作家協會，《歐洲綠生活：向歐洲學習過節能、減碳、廢核的日子》，釀出版，2013年06月18日。

- 本間琢也、牛山泉、梶川武信著，高詹燦、黃正由譯，《用再生能源 打造非核家園：「核」必提心吊膽，這一本讓你掌握能源！》，瑞昇，2013年05月23日。

- 齋藤勝裕著，黃郁婷譯，《想知道的核能與放射性物質》，晨星，2012年03月30日。

- 齋藤勝裕著，陳柏傑譯，《想知道的電力知識100》，晨星，2013年06月14日。

- 齋藤勝裕著，李漢庭譯，《3小時讀通能源》，世茂，2012年05月29日。

- 松井賢一著，方良吉譯，《百年能源大趨勢》，木馬文化，2011年10月06日。

- Daniel Yergin著，劉道捷譯，《能源大探索：風、太陽、菌藻》，時報出版，2012年07月30日。

- 洪志明，《再生能源發電》，全華圖書，2013年01月22日。
- 郭箴誠，《暖化戰爭二部曲：能源與環境問題》，商鼎，2012年08月30日。
- 郭箴誠，《暖化戰爭三部曲：綠色新希望－再生能源》，商鼎，2012年08月30日。
- 郭箴誠，《暖化戰爭首部曲：全球暖化與氣候變遷》，商鼎，2011年05月20日。
- 張志強、曲建升、曾靜靜，《溫室氣體排放科學評價與減排政策》，科學出版社，2009年5月1日。
- 羅時芳，《碳排放交易制度國際經驗與成效檢討之研究》，中華經濟研究院，2011年3月15日。
- 王京明，《台灣可再生能源發電保價收購政策研析與探討》，中華經濟研究院，2012年02月15日。
- 左峻德，《發動台灣經濟新引擎：我國能源產業之利基與挑戰》，財團法人台灣經濟研究院，2012年01月19日。
- 台灣經濟研究院，《建構低碳綠活社會：全球綠色能源應用推廣案例》，財團法人台灣經濟研究院，2011年01月31日。
- Francois Houtart著，黃鈺書、黃君艷、安蔚譯，《作物能源與資本主義危機》，社會科學文獻出版社，2011年12月01日。
- 兔束保之著，李錦楓、林志芳、李華楓譯，《生質能源利用科學》，揚智，2011年05月01日。
- 鍾金明，《綠色能源科技》，新文京，2011年01月01日。
- 華健、吳怡萱，《能源與永續》，五南，2009年12月28日。
- 姚向君、田宜水、張勝雄、張春田、梁財春，《生質能源：綠

色黃金開發技術》，新文京，2008年1月10日。

• 劉萬琨、張志英、李銀風、越萍，《風能與風力發電技術》，五南，2009年10月22日。

• 牛山泉、三野正洋著，林輝政譯，《小型風車手冊》，國立台灣大學出版中心，2010年12月1日。

• 黃鎮江，《綠色能源》，全華圖書，2008年5月29日。

• 徐作聖、鍾佩翰、邱瑞淙，《綠色節能產業及應用》，國立交通大學，2011年11月1日。

• 山崎耕造、小山哲太郎著，鍾嘉惠譯，《節能減碳新時代！圖解電力的未來發展》，台灣東販，2012年06月28日。

• 楊德仁，《太陽能電池材料》，五南，2009年4月13日。

• 沈輝、曾祖勤，《太陽能光電技術》，五南，2008年8月1日。

• 羅運俊、何梓年、王長貴、張勝雄、林乃陽、梁財春，《太陽能發電技術與應用》，新文京，2007年9月20日。

• 佐藤勝昭著，張華英譯，《太陽電池》，瑞昇，2012年12月10日。

• 鄭開傳，《水力發電》，科技圖書，1993年2月15日。

• 盧象時、孫常漢、邱遠揚，《火力發電》，科技圖書，1995年3月15日。

• Maija Setala著，廖揆祥，陳永芳，鄧若玲譯，《公民投票與民主政府》，韋伯，2002年9月15日。

• David Butler、Austin Ranney著，吳宜容譯，《公民投票的實踐與理論》，韋伯，2001年09月15日。

• 陳隆志、陳文賢，《國際社會公民投票的類型與實踐》，新學

林，2010年5月1日。

• 陳隆志、陳文賢，《國際重要公民投票案例解析》，新學林，2010年4月1日。

• 曹金增，《解析公民投票》，五南，2008年4月15日。

• 林佳龍，《民主到底—公投民主在台灣》，台灣智庫，2007年8月1日。

• 張莉，《台灣「公民投票」考論》，九州出版社，2007年1月1日。

• 賴錦珖，《公民投票法釋義-附錄：關於魁北克主權分離公投之裁定》，三民 ，2007年8月1日。

參考文獻

• 劉益昌，〈核四及鄰近地區史前遺址與文化〉，《台北縣立文化中心季刊》，第43期，1995年1月。

• 鄭宗昇，〈核四發電計畫混凝土品質保證及管制制度介紹〉，《混凝土科技》， 第5卷第4期，2011年10月。

• 郭雅欣，〈不能逃避的難題——核廢料處置〉，《科學人》，第76期，2008年6月。

• 歐善惠、楊春生、蔡義本、黃煌輝、王瑞芳，〈核四廠最大可能海嘯之數值模擬〉，《海洋及水下科技季刊》，第15卷第3期，2005年11月。

• 高騰蛟，〈檢討核四電廠投資價值與後果〉，《Taiwan News財經・文化周刊》，第169期，2005年1月。

• 葉俊榮，〈邁向非核家園之路〉，《台灣本土法學雜誌》，第

54期，2004年1月。

- 陳建源，〈美國核能管制委員會安全管制技術研究方案概述〉，《台電核能月刊》，第361期，2013年1月。

- 劉家銓，〈台電公司核能電廠因應福島事故斷然處置之熱流分析〉，《台電核能月刊》，第360期，2012年12月。

- 劉振乾，〈瑞典的核能溝通妙方〉，《台電核能月刊》，第360期，2012年12月。

- 曾光亮，〈走過核能四十餘年——談四十餘年來核能發電工作的經驗〉，《台電核能月刊》，第345期，2011年9月。

- 黃平輝，〈世界進步型核能反應器之新發展概況〉，《台電核能月刊》，第331期，2010年7月。

- 劉振乾，〈從「再生能源」透視核能發電的重要性〉，《台電核能月刊》，第299期，2007年11月。

- 劉振乾，〈韓國核能發電之現狀與展望〉，《台電核能月刊》，第149期，2005年5月。

- 洪志群，〈法國核能發電計畫簡介〉，《台電核能月刊》，第147期，2005年3月。

- 莊長富，〈核四廠數位儀控概述〉，《台電核能月刊》，第248期，2003年8月。

- 張淵源，〈核四廠維護管理電腦化系統（MMCS）之功能規劃〉，《台電核能月刊》，第249期，2003年9月。

- 林明雄，〈核廢料與核四之探討〉，《台電核能月刊》，第216期，2000年12月。

- 梁啟源，〈核能的經濟問題——停建核四對電價及經濟之影

響〉，《台電核能月刊》，第215期，2000年11月。

- 沈子勝、陳佳君、陳保名、陳順隆，〈核能電廠失火對策之探討〉，《台電工程月刊》，第769期，2012年9月。

- 黃金城、周雄偉、陳伯毅、劉如峯、林獻洲、翁炯立、張漢洲，〈以機率破裂力學評估核能電廠反應器壓力槽承受低溫超壓衝擊之完整性〉，《台電工程月刊》，第763期，2012年3月。

- 吳靖穎、劉莉蓮、蔡顯修、李建平、吳健德，〈第三核能發電廠溫排水對底棲動物之影響〉，《台電工程月刊》，第762期，2012年2月。

- 鄧治東、陳俊翔、徐福眾、李志毅、王德全、苑瑞盈、蔣瑞豐、胡薈靈，〈進步型沸水式反應器緊急操作規程導向之嚴重事故分析研究〉，《台電工程月刊》，第720期，2008年8月。

- 宋大崙、童武雄、胡中興、周正賢、楊景淵，〈核四廠初始爐心燃料布局設計研究〉，《台電工程月刊》，第639期，2001年11月。

- 邱太銘，〈核能電廠除役技術〉，《工程》，第86卷第1期，2013年2月。

- 康哲誠，〈日本福島事件後我國核能電廠的改善〉，《工程》，第86卷1期，2013年2月。

- 廖銘洋，〈核四計畫循環冷卻水出水道工程介紹——整合多種施工技術之工程〉，《工程》，第75卷第6期，2002年12月。

- 台研院，〈核四續建與台灣經濟前景〉，《台研金融與投資》，第37期，2001年3月。

- 陳銘雄、蘇彥圖、孫千蕙，〈核四爭議與公民投票〉，《新世紀智庫論壇》，第13期，2001年3月。
- 藍正朋、郭博堯，〈核四替代方案之盲點〉，《國家政策論壇》，第1卷第1期，2001年3月。
- 葉貞汝，〈面臨氣候變遷挑戰的台灣核能政策〉，《全國律師》，第16卷第7期，2012年7月。
- 王竹方，〈核能安全與風險控制〉，《台灣法學雜誌》，第193期，2012年2月。
- 劉致中，〈頁岩氣發展現況與其帶動的產業調整方向〉，《工業材料》，第316期，2013年4月。
- 廖嶽勳，〈台灣核能產業現況與遠景〉，《工業材料》，第300期，2011年12月。
- 簡福添，〈台灣與全球核能產業發展現況及機會〉，《工業材料》，第278期，2010年2月。
- 黃孟嬌、林華偉，〈全球核能發電產業發展趨勢〉，《工業材料》，第300期，2011年12月。
- 虞義輝，〈從國際三大核災談核能安全〉，《中華戰略學刊》，第100期冬季，2011年12月。
- 楊清田、林立夫，〈由日本福島事件之啟示，省思核能安全之強化〉，《前瞻科技與管理》，第1卷第2期，2011年11月。
- Kloepfer Michael著，劉家豪譯，〈迷途的廢核之旅？——論德國廢核立法過程中的程序問題〉，《中原財經法學》，第28期，2012年6月。
- 黃允巍，〈最可實用化的綠色能源——太陽光電發電系統簡

介〉，《能源報導》，2012年5月。

- 陳艷茹，〈丹麥再生能源促進法介紹——並與我國再生能源發展條例比較〉，《能源報導》，2012年3月。

- 洪忠修，〈德國廢核議題總體觀察〉，《能源報導》，2011年11月。

- 許峻賓，〈日本311地震對東南亞國家核能政策的影響〉，《能源報導》，2011年6月。

- 翁鳳英，〈冰島再生能源——從地熱能源談起〉，《能源報導》，2011年4月。

- 許峻賓，〈印度核能市場的新規範〉，《能源報導》，2010年11月。

- 邱太銘，〈國際核能發電發展現況〉，《能源報導》，2009年8月。

- 陳中舜、葛復光，〈能源安全與低碳核能〉，《能源報導》，2009年4月。

- 朱鐵吉，〈中國大陸核能開發與兩岸核安問題〉，《展望與探索》，第9卷第4期，2011年4月。

- 李敏、開執中、陳建宏，〈為核不能？——預見核能新希望〉，《科學月刊》，第42卷2期，2011年2月。

- 楊健寧，〈德國能源政策及減碳措施之借鏡——簡介整合能源及氣候計畫〉，《科技發展政策報導》，2008年7月。

- 桂人傑、劉瑞弘、曾瑞堂，〈全球風電技術發展分析及國內風電產業之現況〉，《電機月刊》，第23卷第3期，2013年3月。

- 吳懷文，〈德國能源政策〉，《電機月刊》，第16卷第8期，

2006年8月。

- 桂人傑、馬利艷，〈台灣風力發電產業發展現況與展望〉，《機械工業》，第355期，2012年10月。
- 吳懷文，〈英國能源政策暨電力發展現況〉，《能源季刊》，第37卷第2期，2007年4月。
- 邱瑞焜，〈法國能源情勢與發展〉，《能源季刊》第32卷第4期，2002年10月。
- 黃憬真，〈風力發電為世界能源新風潮——樂土重視清淨能源 積極發展風力發電〉，《卓越雜誌》，第289期，2008年9月。
- 陳義文，〈裝設於海洋上的「浮動式風力發電機」〉，《瓦斯季刊》，第102期，2013年1月。
- 張瑞模，〈2011德國WAB國際離岸風能發展概況了解〉，《鑄造科技》，第283期，2013年4月。
- 張瑞模，〈風力發電營運之貯電技術的應用分析與探討〉，《鑄造科技》，第277期，2012年10月。
- 陳佳宏，〈太陽光電產業未來發展方向與策略〉，《台灣經濟研究月刊》，第 36卷第2期，2013年2月。
- 李清華、洪基恩、蔡尚林、廖靖華，〈廢單晶矽太陽能電池中矽資源回收之研究〉，《科學與工程技術期刊》，第8卷第3期，2012年9月。
- 杉原，〈先進的抽蓄發電〉，《水利土木科技資訊》，第54期，2011年12月。
- 黃國昌，〈公投民主在台灣的實踐困境與展望——一個立基於憲法價值的考察視野〉，《台灣法學雜誌》，第182期，2011

年8月。

- 王思為，〈南蘇丹獨立公投對台灣的啟示〉，《新世紀智庫論壇》，第53期，2011年3月。
- 張四明，〈解析政黨輪替後核四停建的預算攻防戰〉，《主計月刊》，第595期，2005年7月。
- 張福昌、洪茂雄、郭秋慶、魏百谷、陳鴻瑜、蘇芳誼、王思為、張孟仁、陳以禮，〈國際社會公投案例上〉，《新世紀智庫論壇》，第48期，2009年12月。
- 卓忠宏、李明峻、杜子信、紀舜傑、黃琬珺，〈國際社會公投案例下〉，《新世紀智庫論壇》，第49期，2010年3月。

網站

- 行政院原子能委員會，http://www.aec.gov.tw/
- 台灣環境資訊協會，http://e-info.org.tw/
- 中華民國核能學會，http://chns.org/
- 經濟部產業經濟白皮書，http://doit.moea.gov.tw/itech/index.asp
- 經濟部能源局，http://web3.moeaboe.gov.tw/ECW/populace/home/Home.aspx
- 經濟部「確保核安，穩健減核」問答集，http://anuclear-safety.twenergy.org.tw/FAQ/
- 綠色公民行動聯盟，http://www.gcaa.org.tw/
- 全國法規資料庫，〈公民投票法〉，http://law.moj.gov.tw/LawClass/LawContent.aspx?PCODE=D0020050
- 財團法人核能資訊中心，http://www.nicenter.org.tw/

- 台灣能源網誌，http://taiwanenergy.blogspot.tw/
- 環境資訊中心，〈核四論〉，http://e-info.org.tw/node/69036
- 自由廣場，〈核四爭議的理想和現實〉，http://www.phys.sinica.edu.tw/～tsongtt/c-writing-a%27.htm
- 行政院環境保護署，〈核四環境保護監督〉http://www.epa.gov.tw/ch/SitePath.aspx?busin=336&path=9936&list=9936
- 彭明敏文教基金會，〈以「瑞士公投法」取代全球最落伍的台灣公投法〉，http://www.hi-on.org.tw/bulletins.jsp?b_ID=128516
- 李憲榮，〈從瑞士及加拿大公投看公投制度〉，http://taup.yam.org.tw/announce/9712/c004.htm
- 大紀元，〈核四興建大事紀〉，http://big5.huaxia.com/tw/jjtw/2006/00441137.html
- 中時，〈公投 是否同意核四廠停止興建不得運轉？〉，http://news.chinatimes.com/focus/501012966/132013030700693.html
- 中時，〈國安高層示警：廢核衝擊台美關係〉，http://news.chinatimes.com/focus/501013105/112013032700071.html
- 中時，〈核四改建天然氣廠 專家：可行〉，http://life.chinatimes.com/LifeContent/1409/20130503000917.html
- 中時，〈綠盟：核四成本破兆，台電：天然氣要2兆〉，http://news.chinatimes.com/focus/11050105/112013030700099.html
- 中時，〈林宗堯：每月開一次會，怎監督核安？〉，http://news.chinatimes.com/politics/11050202/112013041800122.html
- 台灣電力公司，〈核四廠改建天然氣或燃煤電廠實務上不可行〉，http://www.taipower.com.tw/content/news/news01-1.

aspx?sid=113

- 自由時報，〈陳謨星：核電最便宜是假象〉，http://www.
  libertytimes.com.tw/2013/new/mar/26/today-p3.htm
- 自由時報，〈核四圍阻體被爆主鋼筋外露不當截切〉，http://
  www.libertytimes.com.tw/2013/new/feb/28/today-p1-3.htm
- 新頭殼，〈新北核四公投遭駁回，呂秀蓮：將提訴願〉，
  http://newtalk.tw/news/2013/06/27/37668.html
- ETToday，〈核四還有救？核安悍將林宗堯提3解救方案挺續
  建〉，http://www.ettoday.net/news/20130228/168890.htm
- ETToday，〈核四總體檢起跑，林宗堯：試運轉測試小組已進
  駐〉，http://www.ettoday.net/news/20130402/187710.htm
- ETToday，〈核四預算再追加，施顏祥：超過3千億是必然
  的〉，http://www.ettoday.net/news/20130110/151013.htm
- 中央廣播電台，〈丁守中：核四改天然氣 電價不會大漲〉，
  http://news.rti.org.tw/index_newsContent.aspx?nid=387373
- 蘋果日報，〈昧良心，核四防輻射作假 高官放水遭法
  辦〉，http://www.appledaily.com.tw/appledaily/article/
  headline/20120516/34232016
- 今日新聞，〈扯！核四廠圍阻體牆嵌入裝尿保特瓶〉，http://
  www.nownews.com/2013/02/26/301-2906987.htm
- 今日新聞，〈核四公投再戰！民進黨團：公投主文反命題
  將投下反對票〉，http://www.nownews.com/2013/04/26/301-
  2931395.htm
- 今日新聞，〈把人民的生命安全視若無物？揭開核四廠潛

藏的四大「人為災難」〉，http://mag.nownews.com/article.php?mag=1-31-4718

- 今日新聞，〈核四「拼裝車」潛藏危機？原能會：國際技術整合〉，http://www.nownews.com/2012/03/13/10844-2794092.htm
- 華視，〈林宗堯：核安要確實不能綁公投〉，http://news.cts.com.tw/udn/politics/201304/201304031219894.html
- 華視，〈施顏祥：廢核四 電費恐大漲4成〉，http://news.cts.com.tw/udn/politics/201301/201301111177490.html
- 鉅亨網，〈研考會民調68.2%民眾支持核四公投〉，http://news.cnyes.com/Content/20130416/KH7ASZ470UBE2.shtml
- 新黨，〈反核四白皮書〉，http://lis.ly.gov.tw/npl/hot/answer/nuclear4/newparty/content.htm
- 台灣醒報，〈商轉核四 專家：不如延役現有電廠〉，http://www.anntw.com/awakening/news_center/show.php?itemid=38805
- 苦勞網，〈台灣反核運動的歷史與策略1980～2011〉，http://www.coolloud.org.tw/node/64150
- 貢寮區鹽寮反核自救會，〈停止興建核四的十個理由——我們要一個有誠信有魄力的政府〉，http://e-info.org.tw/reply/2000/reply-00092601.htm

日文

參考書籍

- 広瀬隆『東京に原発を！』集英社文庫、1986年8月。

- 西田慎『ドイツ・エコロジー政党の誕生―「六八年運動」から緑の党へ』昭和堂、2009年。
- 高木仁三郎、水戸巌、反原発記者会『われらチェルノブイリの虜囚』三一書房、1987年4月15日。
- 高田純『世界の放射線被曝地調査』講談社ブルーバックス、2002年1月。
- 有馬哲夫『原発・正力・CIA機密文書で読む昭和裏面史』新潮社、2008年。
- 吉岡斉『原子力の社会史その日本的展開』朝日新聞社、1999年。
- 桜井淳『原発事故の科学』日本評論社、1992年。
- 高木仁三郎『高木仁三郎著作集4プルトーンの火』七つ森書館、2001年。
- 松野元『原子力防災』創英社／三省堂書店、2007年。
- 西尾漠『原発をすすめる危険なウソ』創史社、1999年。
- 吉岡斉『原子力の社会史』朝日新聞社、1999年4月。
- 吉岡斉『原子力の社会史』朝日新聞出版、2011年10月。
- 日本原子力産業会議『原子力のあゆみ』、2000年。
- 中瀬哲史「1970年代半ば以降の日本の原子力発電開発に対する改良標準化計画の影響」、『科学史研究』、2003年。
- 高木仁三郎『日本のプルトニウム政策ともんじゅ事故』七つ森書館、1997年。
- 高木仁三郎『高木仁三郎著作集4プルトーンの火』七つ森書館、2001年。

- 原子力委員会『昭和31年版 原子力白書』、2011年5月28日。
- 小出裕章『imidas特別編集完全版：放射能地震津波正しく怖がる100知識』集英社、2011年7月。
- 小出裕章・矢ヶ崎克馬『3・11原発事故を語る』本の泉社、2011年9月。
- 小出裕章・黒部信一『原発・放射能：子どもが危ない』文春新書、2011年9月。
- 小出裕章・土井淑平『原発のないふるさとを』批評社、2012年2月。
- 中嶋哲演『いのちか原発か』風媒社、2012年3月
- 野村保子『原発に反対しながら研究をつづける小出裕章さんのおはなし』クレヨンハウス、2012年3月。
- 小出裕章『最悪の核施設：六ケ所村再処理工場』集英社、2012年8月。
- 小出裕章・一ノ宮美成・鈴木智彦・広瀬隆『原発再稼働の深い闇』宝島社、2012年9月。
- 小出裕章・槌田劭・中嶋哲演『原発事故後の日本を生きるということ 』農産漁村文化協会、2012年11月。
- 小出裕章・佐高信『原発と日本人：自分を売らない思想』角川書店、2012年12月。
- 小出裕章・明峯哲夫・中島紀一・菅野正寿『原発事故と農の復興：避難すれば、それですむのか？！』コモンズ、2013年3月。
- 小出裕章『放射能汚染の現実を超えて』河出書房新社、2011

年5月。

• 小出裕章『原発のウソ』扶桑社新書、2011年6月。

• 小出裕章『原発はいらない』幻冬舎ルネッサンス、2011年7月。

• 小出裕章『小出裕章が答える原発と放射能』河出書房新社、2011年9月。

• 小出裕章『原発のない世界へ』筑摩書房、2011年9月。

• 小出裕章『知りたくないけれど、知っておかねばならない原発の真実』幻冬舎、2011年9月。

• 小出裕章『子どもたちに伝えたい：原発が許されない理由』東邦出版、2011年9月。

• 小出裕章『原発ゼロ世界へ―ぜんぶなくす―』出版共同販売、2012年1月。

• 小出裕章『小出裕章：原発と憲法9条』遊絲社、2012年1月。

• 小出裕章『図解原発のウソ』扶桑社、2012年3月。

• 小出裕章『騙されたあなたにも責任がある』幻冬舎、2012年4月。

• 小出裕章『小出裕章：核＝原子力のこれから』本の泉社、2012年5月。

• 小出裕章『福島原発事故：原発をこれからどうすべきか』河合文化教育研究所、2012年4月。

• 小出裕章『日本のエネルギー、これからどうすればいいの?』平凡社、2012年5月。

• 小出裕章『この国は原発事故から何を学んだのか』幻冬舎ル

ネッサンス、2012年9月。

- 小出裕章『今こそ「暗闇の思想」を―原発という絶望、松下竜一という希望』一葉社、2013年1月。
- 広瀬隆『原子炉時限爆弾大地震におびえる日本列島』ダイヤモンド社、2010年8月。
- 広瀬隆『FUKUSHIMA 福島原発メルトダウン』朝日、2011年5月。
- 広瀬隆『象の背中で焚火をすれば』NHK出版、2011年6月。
- 広瀬隆『こういうこと。終わらない福島原発事故』金曜日、2011年6月。
- 広瀬隆『原発の闇を暴く』集英社、2011年7月
- 広瀬隆『新エネルギーが世界を変える 原子力産業の終焉』NHK出版、2011年8月
- 広瀬隆『原発破局を阻止せよ！』朝日新聞、2011年8月。
- 広瀬隆『福島原発事故の「犯罪」を裁く』宝島社、2011年11月。
- 高木仁三郎『日本のプルトニウム政策ともんじゅ事故』七つ森書館、1997年。
- 高木仁三郎『原発事故はなぜくりかえすのか』岩波、2000年。
- 高木仁三郎『原子力神話からの解放：日本を滅ぼす九つの呪縛』講談社、2000年。
- 高木仁三郎『証言核燃料サイクル施設の未来は』七つ森書館、2000年。

- 西尾漠『プルトニウム生産工場の恐怖：漠さんが語る六ヶ所「核燃」施設』八月書館、1993年。
- 西尾漠『原発を考える50話』岩波ジュニア、1996年。
- 西尾漠『原発をすすめる危険なウソ』八月書館、1999年。
- 西尾漠『漠さんの原発なんかいらない』七つ森書館、1999年。
- 西尾漠『漠さんの地球を救うエネルギー・メニュー』七つ森書館、2000年。
- 西尾漠『西尾漠が語る放射性廃棄物のすべて』原子力資料情報室、2002年。
- 西尾漠『なぜ脱原発なのか？放射能のごみから非浪費型社会まで』緑風出版、2003年。
- 西尾漠『Q&Aで知るプルサーマルの正体』原子力資料情報室、2004年。
- 西尾漠『どうする？放射能ごみ：実は暮らしに直結する恐怖』緑風出版、2005年。
- 西尾漠『新版原発を考える50話』岩波ジュニア、2006年。
- 西尾漠『むだで危険な再処理：いまならまだ止められる』緑風出版、2007年。
- 西尾漠『エネルギーと環境の話をしよう』七つ森書館、2008年。
- 西尾漠『原発は地球にやさしいか：温暖化防止に役立つというウソ』緑風出版、2008年。
- 西尾漠・橋本勝『脱原発しかない：バグとマサルのイラス

ト・ノート』現代書館、1988年。

- 西尾漠・平野良一『核のゴミがなぜ六ケ所に：原子力発電の生み出すもの』八月書館、1996年。

- 西尾漠・宇井純・丸谷宣子『環境教育はじめの一歩』アドバンテージサーバー、2002年。

- 西尾漠・高木仁三郎・久米三四郎・小出裕章・今中哲二・小林圭二ほか『知ればなっとく脱原発』七つ森書館、2002年。

- 西尾漠・澤井正子『止めよう！再処理やめよう!プルトニウム利用』原子力資料情報室、2004年。

- 西尾漠・小林圭二『プルトニウム発電の恐怖：プルサーマルの危険なウソ』発売：八月書館、2006年。

- 西尾漠『原発のゴミはどこにいくのか：最終処分場のゆくえ』八月書館、2001年。

- 久米三四郎『科学としての反原発』七つ森書館、2010年。

- 久米三四郎・小出裕章ほか『原発の安全上欠陥』第三書館、1979年。

- 久米三四郎・鎌田慧・佐高信・澤地久枝・斎藤文一ほか『希望の未来へ：市民科学者・高木仁三郎の生き方』七つ森書館、2004年。

- 吉岡斉『原子力の社会史』朝日新聞社、1999年4月。

- 吉岡斉『原子力の社会史』朝日新聞社、2011年10月。

- 日本原子力産業会議『原子力のあゆみ』、2000年。

- 中瀬哲史「1970年代半ば以降の日本の原子力発電開発に対する改良標準化計画の影響」『科学史研究』、2003年。

- 高木仁三郎『高木仁三郎著作集 4 プルトーンの火』七つ森書館、2001年。
- 原子力委員会『昭和31年版 原子力白書』、2011年5月28日。
- 小堀龍之・安田朋起・田中啓介・斎下徹『明暗を分けた 4 原発－福島第二，女川，東海第二』朝日新聞、2012年。
- 広瀬隆『原発ゼロ社会へ！新エネルギー論』集英社、2012年。
- 室田武『電力自由化の経済学』、1993年。
- 山下和彦「福島第一原子力発電所における事故収束への取組みと廃止措置に向けた中長期計画」『保全学』、2013年1月。
- 有冨正憲「徹底分析 2030年代に原子力発電をゼロに目指すためには」『エネルギーレビュー』、2013年1月。
- 羽場麻希子・小嶋稔『福島第一原子力発電所事故：再臨界の可能性は？：オクロ天然原子炉の教訓』岩波書店、2012年12月。

參考文獻

- 藤堂史明「原発事故による放射線リスクの経済分析」『新潟大学経済論集』vol.96、2013年5月。
- 渋谷敦司「原子力政策態度クラスターと科学技術政策分野のローカル・ガバナンス」『茨城大学地域総合研究所年報』第44号、2011年。
- 室田武「石炭火力と原子力の経済・不経済を考える：電発と

原電の卸電力単価の比較から」『茨城大學政経學會雑誌』Vol.82、2013年5月11日。

- 河野直践「脱原発なくして農林漁業の復興はありえない」『農村と都市をむすぶ』No. 719、2011年9月。

- 中西清隆・馬場未希・中村実里「エネルギー・環境の選択肢 日本各地で激論中 識者に聞く私の選択」『日経エコロジー』vol.159、2012年9月。

- オイル・リポート社「LNGを巡る最新動向と価格の動き：原子力発電所再稼働と電力需要がカギ」『オイル・リポート：石油とガスのオピニオン・情報誌』、2012年8月27日。

- オイル・リポート社「変貌する天然ガスと石炭との関係：欧州諸国では石炭火力発電が復活」『オイル・リポート：石油とガスのオピニオン・情報誌』、2013年1月。

- 財界九州社「電力需給火力発電をフル稼働し「1日10億円超」のコスト増に夏の計画停電は回避も「供給不安」続く」『財界九州』vol.53、2012年12月。

- 原三郎・渡辺和徳「火力発電の高効率化と環境負荷低減：発電技術の現状と次世代の新技術の開発状況」『Business i. ENECO＝ビジネスアイエネコ：エネルギーと地球環境の明日を考える経済専門誌』日本工業新聞新社、2010年。

- 国土交通省大臣官房広報課「海洋はエネルギーの未来を担う! 洋上風力発電の普及を強化」『特集海洋フロンティアへの挑戦：真の海洋国家を目指して』、2012年12月。

- 大下英治「自然エネルギーへの道(6)スケールメリットのきく

風力発電」『潮』潮出版社、2013年2月。

- 七原俊也「再生可能エネルギー発電の動向と課題（第3回）風力発電技術の動向と課題」『Electric power civil engineering =電力土木』電力土木技術協会、2013年1月。

- 池田博志・長谷場隆・竹内彰利「風力発電装置用状態監視システムの開発：風力発電装置のメンテナンス高度化」『クリーンエネルギー』vol.22、2013年1月。

- 海上泰生「環境・新エネルギー産業と中小企業のビジネスチャンス（第3回・最終回）太陽電池・風力発電機産業等分野への参入のポイント」『日本政策金融公庫調査月報：中小企業の今とこれから』日本政策金融公庫総合研究所、2012年1月。

- 小林宏晨「21世紀の世界と日本(11)洋上風力発電に賭けるドイツのエネルギー転換」『世界思想』vol.38、世界思想出版、2012年11月。

- 鈴木章弘「世界的な新エネ導入促進をにらみ 今、求められる風力発電における標準化・適合性評価戦略」『特集国際標準と製品認証：日本企業の選択』システム規格社、2012年11月。

- 小西雅子「再生可能エネルギーの大幅導入に成功したスペイン：その背景に「気象予測」を活用した独自の挑戦あり」『天気』vol.59、2012年10月。

- 佐々木健夫「国内の風力発電の現状と課題」『ペトロテック』vol.35、2012年10月。

- 武田恵世「CO_2増加 低周波ストロボ効果 野鳥絶滅「風力発電」百害あって一利なし!」『週刊新潮』vol.57、2012年9月。

- 塩田正純・柳憲一郎「風力発電に関する環境問題」『特集 洋上風力発電の展望と課題』産業環境管理協会、2012年9月。

- 牛山泉「風力発電注目される洋上発電：技術面の向上が必要」『エネルギーレビュー』vol.32、2012年9月。

- 日経BP社「再生可能エネルギーの実力を占う風力発電潜在力は他の再エネを圧倒日本は「洋上」に活路あり」『日経エコロジー』vol.159、2012年9月。

- 共立総合研究所「再生可能エネルギー概況：太陽光発電、風力発電」『共立総合研究所』vol.147、2012年。

- 反戦情報編集部「地域から先端研究者が地熱・風力発電の現状と将来展望を提起：原子力発電と代替エネルギーの展望テーマに九大でシンポ」『反戦情報』vol.326、2011年11月。

- 前田修・助川博之・福本幸成「洋上風力発電実証研究設備の設計」『特集：環境・リサイクル 』電力土木技術協会、2011年11月。

- 丹澤祥晃「温泉熱利用発電システム・鳥翼型風力発電システムについて」『農業協同組合経営実務』vol.66、全国共同出版、2011年11月。

- 古川祐「エリアリポート 世界のビジネス潮流を読む欧州 中国風力発電・欧州展開の狙いは 」『ジェトロセンサー』

vol.61、2011年3月。

- 村沢義久「太陽光発電、ブームに乗って電力主役の座を目指す」『グローバルネット』vol.266、2013年1月。

- 七原俊也「太陽光発電の大量導入と技術課題」『OHM』vol.100、2013年1月。

- 海外電力調査会「水力スイス太陽光発電の増加により新規揚水発電プロジェクトの経済性に赤信号」『海外電力』vol.54、2012年1月。

- テーミス「原子力発電は「再生」する(12)日本はドイツの「電力政策」を直視せよ：太陽光発電の買い取りなどで電力料金が上昇しついに廃止を打ち出すまでに」『テーミス』vol.21、2012年1月。

- 地方経済総合研究「太陽光発電普及拡大への対策：太陽光発電利用に関する意識調査」『地方経済情報』vol.8、2012年11月。

- 光学工業技術協会「高効率太陽電池とその開発動向」『光技術コンタクト』vol.50、2012年1月。

- 荻本和彦「再生可能エネルギー導入とスマートグリッド」『産業と環境』vol.47、2012年7月。

- 島正樹「太陽光発電の現状、課題および将来展望」『腐食防食部門委員会資料』vol.51、2012年5月。

- 古塩正展「太陽光発電の大量普及時代に備えたスマートグリッド技術開発」『BE建築設備』vol.63、2012年5月。

- 亀田正明「太陽光発電の現状と今後」『建設の施工企画』

vol.746、2012年4月。
- 荒井亨「太陽光発電の現状と今後について」『日本表面処理機材工業会』vol.124、2012年。
- 玉浦裕「太陽光発電と太陽熱発電の技術開発動向と将来展望」『産業と環境』vol.40、2011年11月。
- 小林広武「徹底分析太陽光発電大量導入に向け克服すべき課題」『エネルギーレビュー』vol.31、2011年11月。
- 福武剛「日本の太陽光発電の可能性」『理科の探検』vol.5、2011年9月。
- 日経BP社「新エネルギー風林火山（火の巻）次世代の太陽光発電、太陽熱発電技術力で低価格化を追求」『日経ビジネス』vol.1572、2011年1月。

網站
- 原子力委員会（原子力白書）、http://www.aec.go.jp/jicst/NC/about/hakusho/index.htm
- 原子力規制委員會、http://www.nsr.go.jp/
- 內閣官房（原発事故の収束及び再発防止に向けて）http://www.cas.go.jp/jp/genpatsujiko/index.html
- 環境省（原子力発電所事故による放射性物質対策）、http://www.env.go.jp/jishin/rmp.htm
- （原発不要論）、http://www.geocities.jp/fghi6789/genpatsu.html
- 国際環境NGOグリーンピース、http://www.greenpeace.org/

japan/ja/
- 東京外国語大学（エジプト：原発建設計画の継続を発表）、
  http://www.el.tufs.ac.jp/prmeis/src/read.php?ID=27515
- さようなら原発 1000万人アクション、http://sayonara-nukes.
  org/
- 首相官邸（原子力安全に関するIAEA閣僚会議に対する日本
  国政府の報告書）、http://www.kantei.go.jp/jp/topics/2011/iaea_
  houkokusho.html
- 首相官邸（大飯原子力発電所3、4号機の再起動について）、
  http://www.kantei.go.jp/jp/headline/genshiryoku.html
- alterna（官邸前の「あじさい革命」に45000人）、http://www.
  alterna.co.jp/9298
- 相楽希美（日本の原子力政策の変遷と国際協調に関する歴
  史的考察）、http://www.rieti.go.jp/jp/publications/pdp/09p002.
  pdf#search=「日本の原子力政策」
- 日本原子力産業協会、http://www.jaif.or.jp/
- 日本風力エネルギー学会、http://www.jwea.or.jp/index.html
- 日本風力発展協会（2012年末風力発電導入実績）、http://log.
  jwpa.jp/content/0000289404.html
- 独立行政法人新エネルギー・産業技術総合開発機構（日本型
  風力発電ガイドライン策定事業の最終報告書）、http://www.
  nedo.go.jp/library/furyokuhoukoku_index.html
- 日本太陽エネルギー学会、http://www.jses-solar.jp/ecsv/front/
  bin/home.phtml

- 太陽生活（原子力発電と太陽光発電、発電量を比較するとどんなふうになりますか？）、http://taiyoseikatsu.com/faq/faq077.html
- 地球温暖化を阻止せよ！自由探索コース、http://rikanet2.jst.go.jp/contents/cp0220a/contents/index.html
- エコチャレ（原子力発電はYES？NO？考えてみてください。）、http://www.ecoichi.com/contents/environment_issue/nuclear_power.html
- 日本経済研究センター（「脱原子力依存」と発電の社会的費用）、www.jcer.or.jp/column/iwata/index300.html

英文

參考書籍

- Weart, Spencer R., The Rise of Nuclear Fear, Cambridge, MA: Harvard University Press, 2012.
- Clarfield, Gerald H. and William M. Wiecek, Nuclear America: Military and Civilian Nuclear Power in the United States 1940–1980, Harper & Row, 1984.
- Cooke, Stephanie, In Mortal Hands: A Cautionary History of the Nuclear Age, Black Inc, 2009.
- Cravens Gwyneth, Power to Save the World: the Truth about Nuclear Energy, New York: Knopf, 2007.
- Elliott, David, Nuclear or Not? Does Nuclear Power Have a Place

in a Sustainable Energy Future?, Palgrave, 2007.

- Falk, Jim, Global Fission, The Battle Over Nuclear Power, Oxford University Press, 1982.

- Ferguson, Charles D., Nuclear Energy: Balancing Benefits and Risks Council on Foreign Relations, 2007.

- Herbst, Alan M. and George W. Hopley, Nuclear Energy Now: Why the Time has come for the World's Most Misunderstood Energy Source, Wiley, 2007.

- Schneider, Mycle, Steve Thomas, Antony Froggatt, Doug Koplow, The World Nuclear Industry Status Report, German Federal Ministry of Environment, Nature Conservation and Reactor Safety, 2009.

- James J. Duderstadt and Louis J. Hamilton, Nuclear Reactor Analysis, Jan 1, 1976.

- Walker, J. Samuel, Containing the Atom: Nuclear Regulation in a Changing Environment, 1993–1971, Berkeley: University of California Press, 1992.

- Walker, J. Samuel, Three Mile Island: A Nuclear Crisis in Historical Perspective, Berkeley: University of California Press, 2004.

- Bernard Leonard Cohen, The Nuclear Energy Option: An Alternative for the 90's, 1990.

- William D. Nordhaus, The Swedish Nuclear Dilemma, Energy and the Environmen, 1997.

- Charles D. Ferguson, Nuclear Energy: What Everyone Needs to

Know, May 17, 2011.

- Mark Lynas, Nuclear 2.0: Why A Green Future Needs Nuclear Power, Jul 9, 2013.

- Raymond L. Murray, Nuclear Energy, Sixth Edition: An Introduction to the Concepts, Systems, and Applications of Nuclear Processes, Nov 28, 2008.

- Lynn E. Davis and Tom LaTourrette, Individual Preparedness and Response to Chemical, Radiological, Nuclear, and Biological Terrorist Attacks, Sep 19, 2003.

- United States Arms Control and Disarmament Agency, Worldwide Effects of Nuclear War: Some Perspectives, May 12, 2012.

- Gar Smith, Ernest Callenbach and Jerry Mander, Nuclear Roulette: The Truth about the Most Dangerous Energy Source on Earth, Oct 25, 2012.

- J. Kenneth Shultis and Richard E. Faw, Fundamentals of Nuclear Science and Engineering Second Edition, Sep 7, 2007.

- John R. Lamarsh and Anthony J. Baratta, Introduction to Nuclear Engineering (3rd Edition), Mar 31, 2001.

- James Mahaffey Atomic Awakening: A New Look at the History and Future of Nuclear Power, Oct 15, 2010.

- Gwyneth Cravens and Richard Rhodes, Power to Save the World: The Truth About Nuclear Energy, Oct 14, 2008.

- Maxwell Irvine, Nuclear Power: A Very Short Introduction, Jul 1, 2011.

- William Tucker, Terrestrial Energy: How Nuclear Energy Will Lead the Green Revolution and End America's Energy Odyssey, Dec 1, 2012.

參考文獻

- Steve Kidd, "New reactors–more or less?" Nuclear Engineering International, January 21, 2011.

- Ed Crooks, "Nuclear: New dawn now seems limited to the east," Financial Times, September 12, 2010.

- Massachusetts Institute of Technology, "The Future of Nuclear Power,"2003.

- Matthew L. Wald, Nuclear "Renaissance" Is Short on Largess, The New York Times, December 7, 2010.

- IAEA, PRIS–Power Reactor Information System, 2013.

- "Nuclear Power Plants & Nuclear Reactors–Nuclear Power in the World Today," Engineersgarage, 2013.

- IAEA, Nuclear Power Reactors in the World–2012 Edition, 1, June, 2012.

- N.J. McKenna, R.B. Lanz, B.W. O'Malley, "Nuclear receptor coregulators: cellular and molecular biology," Endocrine reviews, 1999.

- A.D. Swain, H.E. Guttmann, "Handbook of human-reliability analysis with emphasis on nuclear power plant applications," Final report, 1983.

- R. Cowan, "Nuclear power reactors: a study in technological lock-in," Journal of Economic History, Cambridge Univ Press, 1990.
- Y. Bartal, J. Lin, R.E. Uhrig, "Nuclear power plant transient diagnostics using artificial neural networks that llow dont-know classifications,"Nuclear technology, 1995.
- J. Reifman, "Survey of artificial intelligence methods for detection and identification of component faults in nuclear power plants," Nuclear Technology, 1997.
- B. Krebs, "Cyber incident blamed for nuclear power plant shutdown," Washington Post, June, 2008.
- S.W. Cheon, S.H. Chang, "Application of neural networks to a connectionist expert system for transient identification in nuclear power plants," Nuclear Technology, United States, 1993.
- S.M. Rashad, F.H. Hammad, "Nuclear power and the environment: comparative assessment of environmental and health impacts of electricity-generating systems," Applied Energy, 2000.
- K.J. Vicente, N. Moray, J.D. Lee, J.R. Hurecon, "Evaluation of a Rankine cycle display for nuclear power plant monitoring and diagnosis," Human Factors, 1996.
- H. Thierens, A. Vral, M. Barbé, B. Aousalah, "A cytogenetic study of nuclear power plant workers using the micronucleus-centromere assay," Genetic toxicology and Eenvironmental Mutagenesis, 1999.
- JLCTI, YWTA, MFWYMNC, "Love the City~only & forever," Aug, 2013.

網站

- IAEA, http://www.iaea.org/pris/
- World Nuclear, http://world-nuclear.org/
- OECD-NEA, http://www.oecd-nea.org/
- Greenpeace, http://www.greenpeace.org/
- IPPNW- International Physicians for the Prevention of Nuclear War, http://www.ippnw.org/
- MAPW- Information on Australia's research reactor, http://www.mapw.org.au/nuclear-reactors/rrr-index.html
- Freeview Video "Nuclear Power Plants- What's the Problem" A Royal Institution Lecture by John Collier by the Vega Science Trust, http://www.vega.org.uk/video/programme/67
- Non Destructive Testing for Nuclear Power Plants, http://www.atomndt.com/en/
- Web-based simple nuclear power plant game, http://www.ae4rv.com/games/nuke.htm
- Uranium.Info publishing uranium price since 1968, http://www.uranium.info/
- Information about all NPP in the world, http://www.iaea.org/cgi-bin/db.page.pl/pris.charts.htm
- U.S. plants and operators, http://www.nucleartourist.com/basics/current.htm
- SCK.CEN Belgian Nuclear Research Centre in Mol, http://www.sckcen.be/

- Civil Liability for Nuclear Damage- World Nuclear Association, http://www.world-nuclear.org/info/inf67.htm
- Glossary of Nuclear Terms, http://www.unionmillwright.com/nuke.html
- Protection against Sabotage of Nuclear Facilities: Using Morphological Analysis in Revising the Design Basis Threat From the Swedish Morphological Society, http://www.swemorph.com/pdf/dbt1.pdf
- Critical Hour: Three Mile Island, The Nuclear Legacy, And National Security Online book by Albert J. Fritsch, Arthur H. Purcell, and Mary Byrd Davis, 2005, http://www.earthhealing.info/CH.pdf
- An Interactive VR Panorama of the cooling towers at Temelin Nuclear Power Plant, Czech Republic, http://geoimages.berkeley.edu/wwp905/html/JeffreyMartin.html
- Interactive map with all nuclear power plants US and worldwide Note: missing many plants, http://exploreourpla.net/explorer/?geoLink=999&lat=38.6596875&lon=-95.4140625&alt=4194304&mid=8&nbl=8,10,111
- Map with all nuclear power plants US and worldwide Note: active, not active and under construction, http://dev.qmaps.nl/?application=nuclear

德文

參考書籍

• Deutsche Risikostudie Kernkraftwerke, Hauptband, 2. Auflage. Verlag TÜV-Rheinland, 1980.

• J. Hala, J. D. Navratil, Radioactivity, Ionizing Radiation and Nuclear Energy. Konvoj, Brno, 2003.

• Leonhard Müller, Handbuch der Energietechnik. 2. Auflage. Springer, Berlin 2000.

• Adolf J. Schwab, Elektroenergiesysteme– Erzeugung, Transport, Übertragung und Verteilung elektrischer Energie. Springer, Berlin 2006.

• W. Marth, Der Schnelle Brüter SNR 300 im Auf und Ab seiner Geschichte, KfK-Berichte 4666, März 1992.

• Deutsche Risikostudie Kernkraftwerke. Hauptband, 2. Auflage. Verlag TÜV-Rheinland, 1980.

• Bonn, Zur friedlichen Nutzung der Kernenergie; Eine Dokumentation der Bundesregierung. Der Bundesminister für Forschung und Technologie, 1977.

• Deutsche Risikostudie Kernkraftwerke. Hauptband, 2. Auflage. Verlag TÜV-Rheinland, Prinzipschaltbild des Reaktorkühlkreislaufs und des Speisewasser-Dampf-Kreislaufs, 1980.

• Bwv- Berliner Wissenschafts-Verlag,Die deutsch-deutsche Geschichte des Kernkraftwerkes Greifswald. Atomenergie zwischen Ost und West von Per Högselius, 2005.

- Vogel Verlag Und Druck, Kerntechnik von Markus Borlein ,2009.

- Thorsten Klapsch, Atomkraft, Edition Panorama, 2012.

- Jeremy Rifkin und Bernhard Schmid, Die dritte industrielle Revolution: Die Zukunft der Wirtschaft nach dem Atomzeitalter von Campus Verlag, 2011.

- Joachim Radkau und Lothar Hahn, Aufstieg und Fall der deutschen Atomwirtschaft von Oekom, 2013.

- Richard A. Zahoransky, Energietechnik (German Edition): Systeme zur Energieumwandlung. Kompaktwissen für Studium und Beruf von Vieweg+Teubner Verlag, 2008.

- Alexander Schratt, Strahlung? Nein Danke! von SCHRATT, 2013.

- Kai F. Hünemörder und Michael Danner, Michael Danner: CRITICAL MASS / KRITISCHE MASSE von Kehrer, Heidelberg, 2013.

- Stephanie Cooke und Hans Günter Holl, Atom: Die Geschichte des nuklearen Irrtums von Kiepenheuer & Witsch, 2011.

- Stephanie Cooke und Hans Günter Holl, Atom: Die Geschichte des nuklearen Irrtums von Kiepenheuer & Witsch, 2011.

- Holger Strohm, Friedlich in die Katastrophe. Eine Dokumentation über Atomkraftwerke von Edition Nautilus, 2011.

- Klaus Töpfer und Ranga Yogeshwar, Unsere Zukunft: Ein Gespräch über die Welt nach Fukushima von Beck, 2011.

- Rowohlt,Aufstieg und Krise der deutschen Atomwirtschaft. 1945-

1975. Verdrängte Alternativen in der Kerntechnik und der Ursprung der nuklearen Kontroverse, Reinbek, 1983.

參考文獻

• J. Radkau, Aufstieg und Krise der deutschen Atomwirtschaft: 1945-1975; verdrängte Alternativen in der Kerntechnik und der Ursprung der nuklearen Kontroverse, 1983.

• M. Haarich, A. Knöchel, H. Salow, Einsatz der totalreflexions-röntgenfluoreszenzanalyse in der analytik von nuklearenwiederaufa rbeitungsanlagen, Spectrochimica Acta, 1989.

• Ludwig u.a, Lastwechselfähigkeiten deutscher KKW. In: Internationale Zeitschrift für Kernenergie. 55, Nr. 8/9, INFORUM, Berlin, 2010.

• Atomenergie verliert weltweit an Bedeutung, Der Spiegel, 6, Juli 2012.

• Greenpeace, Grenzen und Sicherheitsrisiken des Lastfolgebetriebs von Kernkraftwerken' Studie, Januar 2011, erstellt von Wolfgang Renneberg.

• MOX-Wirtschaft und Proliferationsgefahren, Christian Küppers und Michael Seiler, Uni Münster Version vom 28. November 2009.

• Spiegel Online: Atomenergie verliert weltweit an Bedeutung vom 6. Juli 2012; Zugriff: 9. Juli 2012.

• Christopher Schrader, Aufschwung der Atome, Süddeutsche Zeitung,4. Juni 2008, Seite 18, mit einem Absatz zur

Begriffsgeschichte; vgl. zur Begriffsgeschichte allgemein: Matthias Jung: Öffentlichkeit und Sprachwandel. Zur Geschichte des Diskurses über die Atomenergie, Westdeutscher Verlag, Opladen 1994 d.i. Dissertation an der Heinrich-Heine-Universität Düsseldorf 1992: Die nukleare Kontroverse als Sprachgeschichte der Gegenwart.

- Werner Heisenberg, Über die Arbeiten zur technischen Ausnutzung der Atomkernenergie in Deutschland, Die Naturwissenschaften, Heft. 11, 1946.
- Joachim Radkau, Aufstieg und Krise der deutschen Atomwirtschaft 1945–51975. Verdrängte Alternativen in der Kerntechnik und der Ursprung der nuklearen Kontroverse. Hamburg, 1983.
- Joachim Radkau, Technik in Deutschland. Vom 18. Jahrhundert bis heute. Frankfurt/New York, 2008.
- ARD-Magazin Kontraste vom 15. Juli 2010: Atomkraft -Laufzeitverlängerung trotz Sicherheitsdefiziten.
- Gesetz zur geordneten Beendigung der Kernenergienutzung zur gewerblichen Erzeugung von Elektrizität.
- USA: Obama setzt auf Atomkraft. In: Süddeutsche Zeitung, 17. Mai 2010. Abgerufen am 22. April 2013.
- China legt Reaktorbau nun doch auf Eis. In: FAZ, 16. März 2011. Abgerufen am 10. September 2011.
- China setzt weiter auf Atomkraft In: www.heise.de, 5. Juli 2011. Italiener sagen nein zur Atomkraft– und zu Berlusconi In:

Spiegel-Online, 13. Juni 2011.

• Bundestag, Laufzeitverlängerung von Atomkraftwerken zugestimmt, Dort Links zu den beiden Änderungen des Atomgesetzes 17/3051, 17/3052, die Errichtung eines Energie- und Klimafonds 17/3053 sowie das Kernbrennstoffsteuergesetz 17/305 4.

• Wegen Reaktorunglück in Fukushima: Japan verkündet Atomausstieg bis 2040 bei focus.de, 14. September 2012.

• Energiewende: Japan schränkt Atomausstieg wieder ein bei zeit.de, 19. September 2012.

• Grundwald, R. Grünwald, D. Oertel und H. Paschen: Arbeitsbericht Nr. 75 Kernfusion, Büro für Technikfolgen-Abschätzung beim deutschen Bundestag, 2002.

• Michael Dittmer, The Future of Nuclear Energy: Facts and Fiction– Part IV: Energy from Breeder Reactors and from Fusion?

• Atomenergie verliert weltweit an Bedeutung. In: Der Spiegel, 6. Juli 2012.

• Konkurrenz zu erneuerbaren Energien. EU-Staaten fordern Subventionen für Atomkraft, Süddeutsche Zeitung, SZ, 13. April 2012.

網站

• Datenbank der IAEO, http://www.iaea.or.at/programmes/a2/

• Siemens liefert größten Generator der Welt aus: Abschied von 900

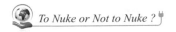

Tonnen, http://www.derwesten.de/staedte/muelheim/Abschied-von-900-Tonnen-id1284260.html

- greenpeace.de, "Grenzen und Sicherheitsrisiken des Lastfolgebetriebs von Kernkraftwerken," http://www.greenpeace.de/fileadmin/gpd/user–upload/themen/atomkraft/Studie Lastfolgerisiken–final.pdf
- Landkreis Schwandorf: 105.48.1 WAA Wackersdorf 1980–1989, http://www.landkreis-schwandorf.de/showobject.phtml?La=1&object=tx
- Gesetz über die friedliche Verwendung der Kernenergie und den Schutz gegen ihre Gefahren Deutsches Atomgesetz auf der Bundesrechtseite bundesrecht.juris.de, http://bundesrecht.juris.de/bundesrecht/atg/
- Magazin für erneuerbare Energien: Atom-Rückstellungen, http://www.castor.de/presse/sonst/1999/ne04a.html
- Energieförderung in der EU. Technokraten füttern Atomlobby. In: taz, 30. November 2011, http://taz.de/Energiefoerderung-in-der-EU/!82784/
- EuroSolar, April 2006: Die Kosten der Atomenergie, eingefügt 16. März 2012, http://www.eurosolar.de/de/index.php?option=com–content&task=view&id=514&Itemid=26
- EU soll Atomkraft fördern. In: Frankfurter Rundschau, 13. April 2012, http://de.wikipedia.org/wiki/Frankfurter–Rundschau
- Konkurrenz zu erneuerbaren Energien. EU-Staaten fordern

Subventionen für Atomkraft. In: Süddeutsche Zeitung, 13. April 2012, http://www.sueddeutsche.de/politik/konkurrenz-zu-erneuerbaren-energien-eu-staaten-fordern-subventionen-fuer-atomkraft-1.1331385

• Proplanta, 17. Juni 2011: Vor 50 Jahren floss der erste deutsche Atomstrom, http://www.proplanta.de/Agrar-Nachrichten/Energie/Vor-50-Jahren-floss-der-erste-deutsche-Atomstrom-article1308340852.html

• Subventionen für die Kernenergie und die Stein- und Braunkohle. Bundesverband Erneuerbare Energie e.V., http://www.wind-energie.de/fileadmin/dokumente/Themen–A-Z/Subvention/BEE–Subventionen–Energie.pdf

• Deutsches Institut für Wirtschaftsforschung, Abschlussbericht zum Vorhaben "Fachgespräch zur Bestandsaufnahme und methodischen Bewertung vorliegender Ansätze zur Quantifizierung der Förderung erneuerbarer Energien im Vergleich zur Förderung der Atomenergie in Deutschland", Mai 2007, http://www.erneuerbare-energien.de/erneuerbare–energien/downloads/doc/39617.php

• AG Energiebilanzen Energieverbrauch in Deutschland im Jahr 2008, http://www.ag-energiebilanzen.de/componenten/download.php?filedata=1235122659.pdf&filename=AGEB–Jahresbericht2008–20090220.pdf&mimetype=application/pdf

• BMU, Juni 2013: Verantwortlichkeiten für Endlagereinrichtung und -betrieb sowie Finanzierungsregelungen, http://www.bmu.

de/themen/atomenergie-strahlenschutz/atomenergie-ver-und-entsorgung/endlagerung/allgemeines/

- Greenpeace-Studie Staatliche Förderungen der Atomenenergie, 12. Oktober 2010, http://www.greenpeace.de/fileadmin/gpd/user–upload/themen/atomkraft/Atomsubventionsstudie–Update–2010–01.pdf

- CO2-Emissionen der Stromerzeugung-Ein ganzheitlicher Vergleich verschiedener Techniken, http://www.vdi.de/fileadmin/vdi–de/redakteur–dateien/geu–dateien/FB4-Internetseiten/CO2-Emissionen%20der%20Stromerzeugung–01.pdf

- Statistiken der Arbeitsgemeinschaft Energiebilanzen auf der Webseite des BMWi, http://bmwi.de/BMWi/Navigation/Energie/Statistik-und-Prognosen/Energiedaten/energietraeger.html

- Uran als Kernbrennstoff: Vorräte und Reichweite, PDF; http://www.bundestag.de/dokumente/analysen/2006/Uran –als–Kernbrennstoff-Vorraete–und–Reichweite.pdf

- Uran – Langfristiger Trend intakt. boersennews.de. 2. April 2012, http://www.boersennews.de/nachrichten/thema/uran-und8211-langfristiger-trend-intakt/488501

- Forsa-Umfrage für Bundesumweltministerium, August 2006, http://www.bmu.de/atomenergie/ausstieg–atomenergie/doc/37879.php

- Forsa-Umfrage für "Bild am Sonntag", Januar 2007, http://www.bild.de/BTO/news/2007/01/14/umfrage-atomausstieg/atom-ausstieg-umfrage.html

• Dem Terror schutzlos ausgeliefert, http://www.greenpeace-magazin.de/index.php?id=3653

法文

參考書籍

• Claude Dubout, Je suis décontamineur dans le nucléaire, éd. Paulo-Ramand, 2009.

• Jaime Semprun, La Nucléarisation du monde, éditions Gérard Lebovici, 1986.

• Arnaud Michon, Le Sens du vent: Notes sur la nucléarisation de la France au temps des illusions renouvelables, éditions de l'Encyclopédie des Nuisances, 2010.

• Thierry Garcin, Le Nucléaire aujourd'hui, Paris: LGDJ, coll. 《Axes》, 1995.

• Géopolitique n° 52, Le nucléaire : un atout maître, hiver 1995-1996.

• Mary Byrd Davis, La France nucléaire : matière et sites, 2002.

• Annie Thébaud-Mony, L'Industrie nucléaire: sous-traitance et servitude, éd. EDK et Inserm, 2000.

• Caryl Ferey and Jean-Christophe Chauzy, Famille nucléaire (Les petits polars du Monde), 13 septembre , 2012.

• Karine Fiore, Industrie nucléaire et gestion du risque d'accident en Europe: du défaut d'internalisation à l'organisation de la couverture,

31 mai, 2011.

- Framatome, Réacteurs à eau pressurisée: Îlots nucléaires (lexique français-anglais), 30 août, 2002.
- OECD Publishing, Développement de lénergie nucléaire=Risques et avantages de lénergie nucléaire, 22 juin, 2007.
- Alain Michel, Dompter le dragon nucléaire?, 2013.
- Icon Group International, Nucléaire: Webster's Timeline History, 1900 – 2007, 17 août, 2010.
- Alain Moreau, Nucléaire, bienheureuse insécurité, éd. L'Harmattan, 2003.

參考文獻

- Science et Vie hors-série, Enquête, ce que va devenir le parc actuel. Dossier 2003-2100, le siècle du nucléaire, décembre 2003.
- D. Hubert, Risque de cancer à proximité d'installations nucléaires: études épidémiologiques, Radioprotection, Vol. 37, no 4.
- G. Niquet, C. Mouchet et C. Saut, Les centres nucléaires et le public: communication, information, Radioprotection, Vol. 39, no 4.
- Florence D., Hartmann P., Les rejets radioactifs des centrales nucléaires et leur impact radiologique. L'évaluation et la surveillance des rejets radioactifs des installations nucléaires, Journées SFRP, novembre, 2002.
- Fournier-Bidoz V, Garnier-Laplace J. Étude bibliographique sur les

échanges entre l'eau, les matières en suspension et les sédiments des principaux radionucléides rejetés par les centrales nucléaire, SERE 94/073, Cadarache, 1994.

• Adam C., Cinétiques de transfert le long d'une chaîne trophique d'eau douce des principaux radionucléides rejetés par les centrales nucléaires en fonctionnement normal 137Cs, 60Co, 110mAg, 54Mn. Application au site de Civaux sur la Vienne. Thèse doct. Univ. Aix Marseille, 1997.

• Baisse record de la production d'électricité nucléaire en 2011 [archive], Les Échos du 9 juillet 2012.

• La Suisse sortira du nucléaire en 2034 [archive], la Tribune de Genève, consulté le 25 mai 2011.

• Le Japon est de retour sur la scène nucléaire mondiale - Le Monde - 06 mai 2013.

• Michel Cruciani Évolution de la situation énergétique allemande, Paramètres et incertitudes pour la période 2012-2020 , mars 2012.

• Des détails notamment dans Éléments d'écologie- 7e éd.- Écologie appliquée par François Ramade, "L'importance des déversements d'eau chaude dans les fleuves par les centrales électriques est très considérable," 2012.

• Leucémies et centrales nucléaires, un lien dangereux?, 2012.

• Béatrice Mathieu, Nucléaire ou CO_2 Peut-on choisir?, L'Expansion, 13 mai 2011.

• Sécurité des centrales nucléaires, fil-info-france.com du 23 juillet

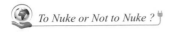

2011.

- Avis d'incidents dans les installations nucléaires, asn.fr du, 21 septembre 2012.
- Reprise des projets nucléaires- article de l'Ambassade de France du, novembre 2012.

網站

- 2000watts.org, http://www.2000watts.org/index.php/energytrend/nucleaire.html
- L'EPR, promesses d'améliorations contre nouvelles vulnérabilités, http://www.global-chance.org/IMG/pdf/GC25p36.pdf
- Les concepts de 4e génération - site du CEA MàJ sept 2007, http://nucleaire.cea.fr/fr/nucleaire–futur/4eme–generation.htm
- Avis d'incidents dans les installations nucléaires, http://www.asn.fr/index.php/Les-activites-controlees-par-l-ASN/Production-d-Electricite/Avis-d-incidents
- Centrale de Cattenom: l'ASN fait mettre en conformité les réacteurs 2 et 3, http://www.dissident-media.org/infonucleaire/news–0–1.html
- Horizons et débats, no 51, Cancers infantiles aux alentours des centrales nucléaires allemandes, sous-titré: Historique de la question et évaluation radiobiologique des données, http://fr.wikipedia.org/wiki/Horizons–et–d%C3%A9bats
- Dépassement de la température autorisée de rejet dans le canal de

Donzère-Mondragon, http://www.asn.fr/index.php/Les-actions-de-l-ASN/Le-controle/Actualites-du-controle/Avis-d-incidents-des-installations-nucleaires/2003/Depassement-de-la-temperature-autorisee-de-rejet-dans-le-canal-de

- Dépassement de la limite d'échauffement du Rhône entre l'amont et l'aval du site, http://www.asn.fr/index.php/Les-actions-de-l-ASN/Le-controle/Actualites-du-controle/Avis-d-incidents-des-installations-nucleaires/2003/Depassement-de-la-limite-d-echauffement-du-Rhone-entre-l-amont-et-l-aval-du

- Note d'information de mars 2013 sur l'utilisation de l'eau dans les centrales nucléaires (site EDF), http://energie.edf.com/fichiers/fckeditor/Commun/En_Direct_Centrales/Nucleaire/General/Publications/NOTE%20GESTION%20DE%20L%20EAU%20 2013.pdf

- La disponibilité et la demande en eau, http://www.developpement-durable.gouv.fr/Les-prelevements-en-eau.html

- Sécurité des centrales nucléaires, http://www.fil-info-france. com/7info–pays–de–la–loire–felix–lechat–securite–des–centrales–nucleaires.htm

- Le risque nucléaire - archive, http://eie.7vents.fr/content/view/17/33/

- La construction d'une nouvelle centrale nucléaire lituanienne, http://www.pays-baltes.com/La-construction-d-une-nouvelle.html

Epilogue

This delicate book "To Nuke or Not to Nuke" is the most impartial material about pros and cons of nuclear power in Taiwan. Since the Prime Minister Chiang Yi-Hwa declared whether the fourth nuclear power plant (Longmen Nuclear Power Plant) would re-construct or not will depend on the outcome of referendum, the knowledge about nuclear power became a must for all the constituents.

The nuclear power issue has been one of critical ones in Taiwan for years, especially when it comes to Longmen Nuclear Power Plant. Indeed, whether to make it operate or not is a highly professional affair so that normal constituents don't know how to make this decision well.

This issue will absolutely make an enormous impact on our life, even the lives of our offspring in the future; therefore we could not depreciate the importance of the referendum this time. Before the referendum, people in Taiwan have to get as much information as they can; thus, the referendum won't turn into a notorious game among the politicians.

The books about nuclear power we can get in all approaches are either pro-nuke or anti-nuke; no one fairly tells the reader both the advantages and disadvantages of nuclear power. This book is the only one version in the market which has done it without a biased standpoint.

There are five parts in this book: the first one is about ten reasons for supporting nuclear power. The contents of the second part are the counterparts for objecting to nuclear power. The third part "The Great Centennial Referendum" tells readers the history of referendum and how it works in Taiwan and the world. The fourth part "The Great Debate on Longmen Power Plant" collects the quintessential arguments aiming at the topic of referendum we'll face. And the final part gathers the sources and references of nuclear power from Chinese, Japanese, English, German and French for further reading.

The author, the crew of editors as well as the activity promoters also design a series of activities to make people participate in the referendum. We sincerely expect that more people are concerned about the referendum, and let it have a better ending.

全國唯一保證出書的作者班
夢想成真！

主講人：

采舍國際集團董事長

王擎天博士

- 華人世界非文學類暢銷書最多的本土作家作品逾百冊。

- 建中畢業考上台大時就開出版社，台灣最年輕從事出版的企業家。

- 華人少數橫跨兩岸三地最具出版實務經驗的出版奇才。

你是否**曾經想過出一本書**？
你知道**書是你最好的名片**嗎？
你知道**出書是最好的行銷**嗎？

　　由采舍國際集團董事長王擎天領軍，帶領一群擁有出版專業的講師群，要讓你寫好書、出好書、賣好書！

講師陣容
＊采舍國際集團董事長

＊啟思出版社社長和主編

＊華文自資平台負責人和主編

＊鴻漸和鶴立等專業出版社資深編輯

＊新絲路網路書店電子書發展中心主任

＊采舍國際集團行銷長

I Have a Dream...

或許你離成功，就只差出一本書的距離！

課程名稱：寫書與出版實務班

課程地點：台北（報名完成後，將由專人或專函通知）

課程時間：2013/12/21～2013/12/22（含〈如何開創美麗人生新境界〉培訓）

課程大綱：

＊如何規劃、寫出自己的第一本書

＊如何設定具市場性的寫作題材

＊如何提案，讓出版社願意和你簽約

＊如何選擇適合的出版社

＊如何出版電子書

＊如何鎖定你的讀者粉絲群

＊如何成為真正的暢銷書作家

報名請上網址：www.silkbook.com

本課程三大特色
1. 保證出書
2. 堅強授課陣容
3. 堅強輔導團隊

我要報名

熱情贊助

Book4U文化集團
自費出書暢銷金榜

暢銷
久居不下

長銷
傲視群雄

熱銷
獨領風潮

《孫子兵法》
作者：沈傑、萬彤
出版社：典藏閣

《360度全方位領導》
作者：約翰‧麥斯威爾
出版社：英柏爾

《蘭陵王與陸貞傳奇》
作者：王擎天
出版社：典藏閣

國家圖書館出版品預行編目資料

反核？擁核？公投？／王寶玲 著
-- 初版. -- 新北市：集夢坊，民103.1
　　　　面；　　　公分
ISBN 978-986-89073-6-2（平裝附光碟
片）
1. 核能發電　2. 核能污染　3. 公民投票

449.7　　　　　　　　102016183

～理想的推手～

理想需要推廣，才能讓更多人共享。采舍國際有限公司，為您的書籍鋪設最佳網絡，橫跨兩岸同步發行華文書刊，志在普及知識，散布您的理念，讓「好書」都成為「暢銷書」與「長銷書」。

歡迎有理想的出版社加入我們的行列！

采舍國際有限公司行銷總代理
angel@mail.book4u.com.tw

全國最專業圖書總經銷
台灣射向全球華文市場之箭

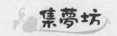

反核？擁核？公投？

出版者●集夢坊

作者●王寶玲

印行者●華文聯合出版平台

出版總監●歐綾纖

副總編輯●陳雅貞

責任編輯●洪于勝、林柏光

美術設計●吳吉昌、彭茹卿

排版●陳曉觀

台灣出版中心●新北市中和區中山路2段366巷10號10樓

電話●(02)2248-7896　　　　傳真●(02)2248-7758

ISBN●978-986-89073-6-2

出版日期●2014年1月初版

郵撥帳號●50017206采舍國際有限公司（郵撥購買，請另付一成郵資）

全球華文國際市場總代理●采舍國際 www.silkbook.com

地址●新北市中和區中山路2段366巷10號3樓

電話●(02)8245-8786　　　　傳真●(02)8245-8718

全系列書系永久陳列展示中心

新絲路書店●新北市中和區中山路2段366巷10號10樓　　　電話●(02)8245-9896

新絲路網路書店●www.silkbook.com

華文網網路書店●www.book4u.com.tw

跨視界‧雲閱讀　新絲路電子書城　全文免費下載　silkbook○com
新‧絲‧路‧網‧路‧書‧店

本書係透過全球華文聯合出版平台（www.book4u.com.tw）印行，並委由采舍國際有限公司（www.silkbook.com）總經銷。採減碳印製流程並使用優質中性紙（Acid & Alkali Free）與環保油墨印刷，通過碳足跡認證。

本書售書所得均捐贈慈善機構與公益團體。